도시 속의 환경 열두 달

봄·여름

최병두 지음

국립중앙도서관 출판시도서목록(CIP)

도시 속의 환경 열두 달. 봄 · 여름 / 최병두 지음. -- 서울 : 한울,
2003
   p. : 삽도 ;   cm

색인수록

ISBN   89-460-3135-2 03530 : \10000
ISBN   89-460-0111-9(세트)

539.9-KDC4
363.7-DDC21   CIP2003000581

책을 펴내면서

　오늘날 대부분의 사람들이 살아가고 있는 도시에는 여러 가지 환경문제들이 발생하고 있다. 환경문제는 흔히 자원고갈과 환경오염 문제로 일반화되거나 또는 수질오염, 대기오염, 토양오염, 폐기물 문제 등으로 유형화되기도 한다. 그러나 도시 속에서 발생하는 환경문제는 훨씬 더 다양한 양상을 보이고 있다. 물론 이러한 여러 양상들은 그렇게 단순화될 수도 있겠지만, 실제 발생하고 있는 환경문제는 매우 복합적이고 구체적인 내용을 가진다.

　뿐만 아니라 도시 속의 환경문제는 우리의 일상생활 및 사회발전과 밀접한 관계를 가진다. 흔히 인식되고 있는 것처럼, 환경문제는 분명 물이나 공기, 흙, 이들로 이루어진 산이나 하천, 또는 이곳에서 살아가는 야생동식물들을 매개로 발생한다. 그러나 도시 속에서 발생하는 환경문제는 단지 자연 구성물들의 문제라기보다는 도시 속에서 이루어지는 경제·정치·사회·문화적 활동과 복잡하게 얽혀 있는 문제이다.

　이 책은 이러한 점에서 도시 속에서 발생하는 다양한 환경문제들을 구체적이고 세부적으로 고찰한 결과를 서술한 것이다. 이러한 서술 과정에서 도시 속의 환경문제란 우발적인 자연상태의 문제가 아니라 우리의 삶 속에서 복잡한 과정을 통해 발생하는 문제라는 점을 이해할 수 있도록 했다. 또한 이 책은 이러한 서술과 이해를 통해 도시 속의 황폐화된 환경을 되살려서 풍요롭고 쾌적한 환경의 도시로 전환해나갈 수 있기를 바라면서 쓰여졌다.

* * *

　이 책에 실린 글들의 원고는 2001년 4월 중순부터 2002년 4월 초순까지 만 일 년간 진행된 대구 MBC 라디오의 <김재경의 여론현장>이라는 프로그램의 일부로 마련된 방송 시나리오에 바탕을 두고 있다. 박명석 PD의 책임하에 매주 화요일 아침 7시 41분에서 53분 정도 사이에 전화 인터뷰 형식으로 진행되었던 이 방송을 위하여, 방송작가 신남희 씨와 미리 연락하여 그 전 한 주 동안 발생했던 여러 가지 환경문제들 가운데 중요하거나 시사성이 있다고 판단된 것을 선택하여 주제를 잡고 시나리오를 작성하였다. 그러니까, 이 글의 주제 선정과 시나리오 작성, 그리고 인터뷰 방송을 통틀어 본다면, 이 책은 모두 네 사람의 공동작품이라고 할 수 있다. 우선 이분들에게 진심에서 우러나오는 감사를 전한다.

　방송 시나리오로 집필된 원고들은 물론 그 이후 많이 수정·보완되었다. 또한 개인적 사정으로 방송을 하지 못한 주가 있었기 때문에, 이에 해당하는 주제들은 새로 선정하여 추가로 집필하였다. 이렇게 해서 처음의 방송 시나리오와는 상당히 다른 수정·보완된 전체 원고의 초안이 완성되었다. 그럼에도 이 책은 방송 시나리오를 작성하는 과정에서 주로 신문이나 인터넷 자료들을 많이 이용했기 때문에, 서술 일부는 아직 이 자료들의 문체를 크게 벗어나지 못한 경우도 있고, 아마 부분적으로 오류가 있을 것으로 추정된다. 이러한 문제점이나 오류는 물론 전적으로 필자의 책임이다.

* * *

　이렇게 원고의 초안이 완성된 이후에도 책 체재의 편집에 대해 다소 망설임이 있었다. 왜냐하면, 시간의 흐름에 따라 선정된 많은 주제들을 다루다 보니까, 마치 다양한 주제들을 백과사전식으로 나열한 것처럼 보였기 때문이다. 그래서 환경문제를 으레 구분하는 유형, 예를 들어 자원문제, 대기·수질·토양오염 등으로 중분류를 해보았지만, 만족스럽지 못했다. 다시 추가된 주제들을 적절히 배분하여, 마침내 각각 4개의 주제를 가진 열두 달의 체재로 책을 편집하게 되었다. 그리고, 책 제목을 『도시 속의 환경 열두 달』이라고 붙였다.

책 제목에서 '열두 달'이라는 단어는 마지막 단계에서 첨부된 것이다. 그렇게 한 것은 책의 바탕이 되었던 방송 시나리오가 열두 달 동안 집필된 점도 있지만, 책의 편집 과정을 거치면서, 그 체재가 되살아났기 때문이라고 할 수 있다. 그러나 굳이 '열두 달'이라는 이름을 첨부하게 된 것은 바로 알도 레오폴드의 『모래 군(郡)의 열두 달』에 따르고자 했기 때문이다. 레오폴드 교수의 책은 자신의 사랑하는 '누옥(통나무집)'과 그 주변 장소에서 1년 동안 겪은 개인적 경험을 서술했다는 점에서 이 책의 집필 과정과 비슷하다. 뿐만 아니라 『모래 군의 열두 달』은 환경론의 '바이블'이라고까지 인식될 정도로 고전적인 명저이기 때문에, 이 책의 제목 일부를 딸 수 있다는 것만으로도 영광이라고 하겠다.

* * *

물론 레오폴드 교수의 책은 도시 속의 환경이 아니라 주로 야생의 들판과 동식물들을 주요 주제로 다루었다는 점에서 이 책과는 다르다. 이 책은 현대 산업사회의 발전을 위한 바탕이지만, 동시에 다양한 환경문제들이 집중적으로 발생하는 장소로서 도시에 초점을 두고 있다. 오늘날 도시는 거대한 인구와 산업의 집적체이며 사회발전을 위한 원동력이지만, 기존의 자연환경을 제거하고 새롭게 조성된 인공환경 속에서 밀집한 인구와 산업의 유지 및 발전을 위하여 엄청난 자원을 소모하고 폐기물들을 배출하는 지역이 되었다. 이러한 도시환경에서 야생의 동식물들은 거의 찾아볼 수 없게 되었을 뿐만 아니라, 사람들조차 생존하기 어려워지고 더 이상의 사회발전을 기대할 수도 없게 되었다.

이러한 도시적 배경 속에서 인간-자연 간 관계에서의 생태진화론과 토지윤리에 관한 레오폴드 교수의 주장은 여전히 유의하다. 도시를 경제적 부를 창출하기 위한 도가니로 생각한다면 도시는 경제적 재화의 창고가 될 수는 있겠지만, 창고 밖에 있는 생태적 가치를 완전히 상실하게 되고 인간 역시 살 수 없어진다. 그러나 도시의 물질적 부의 창고를 허물고 생태적 가치의 복원을 위해 노력한다면, 도시는 사람과 더불어 모든 동식물들이 함께 살아가는 생명의 보금자리가 될 것이다.

끝으로 원고와 추가된 사진들의 분량으로 인해 2권으로 분리된 단행본으로 출판을 허용해준 도서출판 한울의 고경대 상무님께 감사드리고, 꼼꼼한 교정과 사진배치 등에 신경을 써준 편집담당자들께 감사드린다. 그리고 추가된 사진들의 사용을 허가해준 많은 분들께도 감사드린다.

이 책은 대학에서 환경 관련 교양과목 교재나 환경에 관심을 가지는 중·고등학생과 일반인들의 교양서로 읽혀질 수 있을 것이다. 이 책을 통해 도시 속의 환경에 관한 지식과 실천의식이 함양될 수 있기를 바란다.

2003년 2월 15일
문천지를 바라보며 최병두

추천의 글

최병두 교수와의 인연은 2001년 대구 MBC 라디오 방송에서 <김재경의 여론현장>을 진행하면서 맺어지기 시작하였다. 매주 한 번씩, 1년여 동안 진행된 '환경 이야기' 꼭지에서, 최 교수는 그때그때 시사성 있는 주제를 뽑아서 쉽게 설명해주면서 어떤 방향으로 문제가 논의되고 해결되어야 하는지를 조리 있게 이야기해주었다. 워낙 달변가이기도 했지만, 실언이 없었고 전체적으로 앞뒤가 꽉 짜여진 설명이어서 귀담아듣곤 했었다.

나는 1980년대에 독일에 체류했는데, 그곳의 녹색당 친구들이 누런 광목천 쇼핑 가방을 들고 자전거를 타고 다니는 모습에서 소박한 아름다움을 느낄 수 있었다. 한번은 핵발전소 시설 폐기를 위해 데모하러 간다고 했을 때, '참 여유 있게 데모한다'고 생각했다. 너희 나라는 어떠냐고 물었을 때, "우린 더 시급한 것들이 많아" 하는 대답을 생각할 것도 없이 했다. 먼저 모든 인간들이 기본적으로 먹고살 만큼 되는 것이 우선되어야 한다는 생각을 가진 나로서는, 나머지 다른 것들은 주변적인 것으로 생각되었다.

사실 그동안 인간을 둘러싼 환경에 대해서는 '등 따습고 배부른 사람들'이 하는 얘기라고 치부해왔었고, 1990년대의 민주화의 성과를 지켜보면서 그래도 아직은 불평등과 분배문제가 우선이라고 생각하기도 했었다. 지금도 불평등의 문제는 여전히 풀어야 될 문제라고 생각한다. 그러나 이제는 자연과 환경의 문제, 즉 인간이 이 땅에 살아가는 방식의 문제에 대한 고민과 실천은 더 이상 뒤로 미룰 문제가 아니라, 늦었지만 지금부터라도 함께 풀어야 할 문제라고 생각한다. 이미 인간중심의 개발위주 사고가 가져온 폐해를 우리는 체험하고 있기 때문이다.

당장 물과 공기오염부터 시작해서 원자력발전의 문제 등이 우리 자신뿐 아니라 우리의 이웃과 후손들을 위협하고 있기 때문이다. 이제는 '우리' 중심의 생각이 아니라 우리를 뛰어넘는 사고의 전환이 있어야 한다. 최병두 교수가 방송을 위해 준비한 원고를 다시 꼼꼼히 손질하여 펴내게 된 이 책은 그러한 시각을 제공하는 데 신선한 자극을 줄 것이라고 생각한다. 나 역시 방송의 '환경 이야기'를 통해, 나를 둘러싼 세계와의 공존이 결코 남의 문제가 아니며, 나와 내 후손들을 위한, 그리고 나의 이웃들을 위한 과제라는 것을 절실히 느꼈기 때문이다.

생판 환경과 관련이 없을 것이라고 여겼던 월드컵과 환경 이야기, 유전자조작식품(GMO)의 위해성 논란과 보이지 않는 국익갈등의 문제, 해안도시의 하수도 보급률이 극히 저조한 상황에서 '자연스럽게' 초래된 적조현상의 원인과 그 친환경적인 대안의 모색, 그리고 매년 더 더워지는 여름만 되면 거론되는 열대야현상, 또 우리 시대의 화두인 개발과 보존의 문제 등등 하나하나 꼽기도 어려울 정도로 많은 주제를 다뤘다.

최 교수의 '환경 이야기'는 이미 1년여 전에 방송된 것이지만 그 문제제기와 해결방안은 지금, 그리고 앞으로도 유효하다. 각종 환경문제의 원인을 찾았고, 대안 역시 이미 많이 공론화되었지만, 우리는 이 환경의 문제를 여전히 개발 화두의 뒷전으로 몰고 있고, 여전히 인간 존재만을 이 세계의 중심축으로 생각하려고 하는 성향을 버리지 못하고 있기 때문이다. 또 그 해결을 위해 드는 비용과 노력을 아직도 과감히 투자하길 꺼려하기 때문이다.

　그러나 깨끗한 공기와 물, 인간을 둘러싼 자연과 생태계 이러한 모든 것은 이 지구상에 존재하는 모든 생명체에게 허용된 공공재이다. 굳이 생태계의 자기보존 권리를 얘기하지 않더라도 우리 후손에게 남길 최대의 선물은 있는 그대로의 자연을 잘 남겨주는 일일 것이다. 아는 만큼 보인다고 했던가……. 그런 의미에서 이 책은 쉽게, 그러나 '도전적으로' 우리가 해야 할 일들을 가르쳐주고 있다. 자연에 대한 인간의 횡포를 느끼게 하면서 무뎌진 상상력을 촉발할 수 있다.

　누가 아는가? 이 조그만 책을 통해 우리의 후손들은 우리보다 더 열린 마음으로 나무와 꽃, 식물과 동물, 물과 구름의 언어를 이해하고 '생태시민권'을 이야기할는지…….

2003년 2월 3일
김재경

차 례

제1권: 봄·여름

유월

칠월

팔월

제2권: 가을·겨울

삼월

환경과 인간을 건강하게 하는 유기농업

날씨가 조금씩 따뜻해지고 있다. 도시 주변으로 나가보면, 겨울 동안 얼었던 산이나 논·밭들이 이제 거의 다 녹은 것 같고, 움츠렸던 나무들도 물이 오르면서 한결 부드러워진 것처럼 느껴진다. 얼마 있지 않으면, 녹녹하게 젖은 땅에서 새싹들이 돋아나 금방 큰 잎들이 되고 예쁜 꽃을 피울 것이다. 야산이나 들판에 봄기운이 점차 차오르면, 사람들도 무엇인가를 해야 한다는 의욕을 가지고 바삐 움직이게 된다.

특히 농부들은 이맘때면 한 해 농사 계획을 세운다. 과거의 농부들은 일 년 계획이라 할 것도 없이 해마다 하는 농삿일로 몸에 밴 지식으로 그 다음해 생산을 해왔겠지만, 요즘 농부들은 그렇지가 않다. 왜냐하면 오늘날 농사는 단지 토양이나 기후와 같은 자연적 환경만이 아니라 농산물 가격이나 수입품 등과 같이 복잡한 인문적 조건에 따라 성공 여부가 좌우되기 때문이다.

더욱이 좀더 앞서가는 농부들은 이제 농삿일과 관련된 환경문제와 먹거리에 따른 건강문제까지 관심을 가지게 되었다. 그리고 환경과 건강에 대한 관심의 증대에 따라, 다양한 방식으로 이루어지는 친환경적 농업, 특히 유기농업이 주목을 받으면서 점차 확산되고 있다. 인간과 환경을 모두 건강하게 하는 친환경적 농업의 확대는 물론 농촌의 생산자뿐만 아니라 도시의 소비자들이 선호하기 때문에 가능해진 것이라고 하겠다.

친환경적 농업의 확산

우선 통계자료를 통해 전반적으로 무공해 쌀과 채소 등 친환경적 농업이 크게 확대되는 추세를 확인해볼 수 있다. 국립농산물품질관리원 경북지원에 따르면, 2001년 말 대구·경북지역에서 친환경적 농산물을 생산한 농가는 935가구로 2000년 323가구에 비해 세 배 가까이 증가했다. 재배면적은 883ha로 2000년의 362ha보다 두 배 이상 증가했으며, 출하량은 1만 1,200여 톤으로 2000년의 5,500톤에 비해 두 배 이상 늘었다(<표 1> 참조). 품목별로는 과실류(390농가), 채소류(302농가), 곡류(202농가), 특작물류(24농가), 서류(16농가)순으로 많았다.

전국적으로 친환경적 농법을 이용한 농가는 1999년 1만 4,000가구, 2000년 1만 9,000가구, 그리고 2001년 2만 6,000가구 등으

<표 1> 대구·경북지역 친환경농산물 생산현황

구분	2000년	2001년			
		합계	저농약 농산물	무농약 농산물	유 기 농산물
농가수(호)	323	935(2.9배)	682(2.9배)	156(2.3배)	97(4.6배)
재배면적(ha)	362	883(2.5배)	695(2.3배)	114(2.4배)	19(5.1배)
출하량(톤)	5,500	18,698(3.5배)	11,245(3.5배)	4,600(2.7배)	2,853(6.0배)

자료: 국립농산물 품질관리원 경북지원.

<표 2> 국립농산물 품질관리원의 품질인증 4단계

유기재배농산물	무농약재배농산물	저농약재배농산물	전환기유기농산물
농약과 비료를 전혀 사용하지 않고 3년 이상 재배한 포장에서 생산된 농산물. 잔류 농약이 검출되지 않아야 함.	농약은 전혀 사용하지 않고, 화학비료는 권장시비량을 지켜 재배한 농산물. 잔류 농약이 검출되지 않아야 함.	농약은 안전사용기준의 1/2 이하를 사용하고, 화학비료는 권장시비량을 지켜 재배한 농산물. 잔류 농약은 품목별 허용기준의 1/2 이하.	전환기간 동안 유기합성농약과 화학비료를 일절 사용하지 않고 재배한 것.

로 꾸준히 늘고 있다. 이에 따라 생산량도 2000년 30만 톤에서 2001년에는 47만 톤으로 증가했다. 농림부에 따르면, 2005년까지 친환경적 농업을 확산시키기 위하여 농약이나 화학비료의 사용을 현재보다 30% 줄일 예정이고, 친환경적 농산물 생산도 전체 농산물의 5%까지 증대시킬 계획이라고 한다.

물론, 친환경적 농업이 모두 유기농업은 아니며, 저농약농산물(농약을 안전사용량 기준의 1/2 이하, 그리고 화학비료를 권장시비량으로 사용한 농산물), 무농약농산물(농약을 사용하지 않은 채 화학비료를 권장시비량에 맞춰 재배한 농산물), 그리고 유기농산물(3년 이상 농약과 화학비료를 사용하지 않고 재배하는 농산물) 등으로 구분된다(<표 2> 참조). 일반적으로 친환경농산물 전체가 흔히 유기농산물로 지칭되지만(이 글에서도 때로 혼용해서 사용함), 엄격히 말해 유기농산물은 친환경농산물들 가운데 가장 등급이 높은 경우에 한정된다.

친환경적 농업에 국가적 정당성을 부여하고 또한 이러한 농업을 촉진하기 위하여, 국립농산물품질관리원에서는 품질과 안전성이 일반 농산물과 차별화된 농산물을 발굴하여 파종에서 출하단계까지 엄격히 관리하고, 이에 따라 친환경농산물의 인증제도를 시행하고 있다. 즉 이 기관의 각 지역출장소는 생산된 작물의 농약잔류검사, 토양검사, 수질검사 등 까다로운 절차를 통해, 4단계에 걸친 무농약재배농산물 품질인증을 하고 있다. '품질인증농산물 생산농가'의 수는 아직 그다지 많지 않아서 전체 농가에서 차지하는 비중이 매우 낮다. 그러나 이러한 검사 과정을 거쳐 인증된 무농약재배농산물들은 일반 농산물에 비해 훨씬 높은 가격으로 국내 백화점에서 판매되거나 일본 등 해외로 수출되기 때문에 급속히 증산될 전망이다.

친환경농업에 대한 농민들의 열의

이와 같이 친환경적 농업의 확산이 앞으로 더욱 촉진될 것이라는 전망은 '농업의 활로를 유기농법'에서 찾고자 하는 농민들의 관심과 열의에서도 나타나고 있다. 예로, 2002년 2월 20일에서 22일 사이 사흘간 경북 영천시 농업기술센터에서 열린 친환경 유기농업 교육에는 매일 200명이 넘는 농민들이 참여해 높은 교육 열기를 보였다. 이 교육에는 영천뿐만 아니라 청송·경산·김천·김해 등 멀리 떨어져 있는 다른 지역의 농민들도 교재구입비 등 비용부담을 감수하면서까지 교육에 참여하는 열성을 보였다.

교육내용도 첫날 대학교수와 농민, 공무원들이 참여한 유기농업 발전을 위한 세미나에 이어 둘째와 셋째날은 개별 작목별로 포도·사과·수도작의 친환경농법 재배방법, 그리고 유기물을 이용한 퇴비·목초액 제조 및 사용법, 친환경농산물 인증 및 유통관리, 생물농약

개발 전망 등으로 이루어졌으며, 전반적으로 내실 있는 교육이 되었다는 평가였다. 이에 참여한 농부들도 "포도, 배, 고추를 수년 전부터 유기농법으로 재배하고 있지만 새로운 내용을 공부하고 지식을 재충전하기 위해 교육받았다"며 "교육내용이 알차서 많은 도움이 됐다"고 흡족해했다고 한다.

또한 대도시에서 귀농한 한 농부는 "생명과 환경을 살리고 후손들에게 좋은 농산물을 먹이기 위해서는 유기농업이 필연적"이라고 강조했다. 유기농업협회 영천시지회 회장을 맡으신 분은 "친환경 유기농업에 대한 농민들의 관심이 날로 높아져 올해 교육에 처음 참가한 농민이 100명이 넘는다"고 기뻐하며 "영천의 유기농 회원 수도 작년에 배로 늘어나 400명이 넘고 이 가운데 21명이 저농약 및 무농약농산물 품질인증을 받았다"고 말했다(매일신문, 2002. 2. 27.에서 인용).

이러한 친환경농업을 위한 교육은 지역 농산물을 위한 토산상품 개발로도 이어지고 있다. 유기농업협회 영천지회의 경우, 소속 농민들이 생산하는 저농약 및 무농약 품질인증 농산물에 '골벌고을'이라는 공동 브랜드를 사용해 소비자들이 영천의 친환경 유기농산물을 믿고 사먹을 수 있도록 추진중이라고 밝혔다. 유기농업협회 영천시지회는 현재 사과·배·복숭아·포도·쌀·과채류 등 6개 품종별로 분과위원회를 구성하여 매년 유기농업 교육과 재배기술 개발에 나서는 등 높은 열의로 영천의 유기농업 전망을 밝게 하고 있다.

친환경농산물에 대한 시민들의 선호

다른 한편, 친환경적 농업의 확산은 이를 통해 생산된 농산물에 대한 일반 소비자들의 선호도 증대와도 관련된다. 친환경농산물은 자연환경을 위하여 좋다는 점도 있지만, 우리의 몸에도 좋다는 인식이 일반화되고 있다. 이 점은 최근 당연시되고 있는 '신토불이(身土不二)'라는 단어에서도 잘 나타난다. 심지어 건강에 도움이 된다는 믿음에서 일반 농산물보다 두 배 가까이 비싼데도 친환경농산물에 대한 소비자들의 인기는 급등하고 있다.

사실 최근 한 TV 방송국에서 <잘먹고 잘사는 법>이라는 다큐멘터리를 방영한 이후, 친환경농산물, 특히 유기농법에 의해 재배된 농산물 중심의 채식열풍이 불기도 했다. 이에 따라 유기농(일반적으로 친환경농산물이 유기농산물로 불린다) 유통업체들은 불경기 속에서도 즐거운 비명을 질렀다. 농약 걱정이 없는 유기농 채소는 폭발적인 매출실적을 올렸고, 잡곡과 현미 등의 매출이 평소보다 3~7배까지 증가했다.

한 할인매장의 경우, 1일 매출이 유기농 야채의 경우 1,900만 원대에서 4,500만 원대로 증가했고, 현미는 160만 원에서 1,400만 원으로 급증했다고 한다. 동네 슈퍼마켓도 그 덕을 톡톡히 보고 있으며, 아파트 밀집지역에는 단체로 유기농 야채를 사서 먹자는 전단이 돌기도 한다. 또한 외식업체들도 채식전문 레스토랑을 중심으로 유기농 야채 식단을 적극적으로 홍보하면서, 유기농산물로만 구성된 채식 뷔페가 등장하고 유기농 샐러드 요리대회가 개최되기도 했다.

물론 이러한 친환경농산물에 대한 인기는 건강에 좋다면 무엇이나 좋다는 식의 태도에 기인한 점도 있음을 부인하기는 어렵다. 그러나 이러한 분위기를 좀더 건전한 방향으로 이끌어나갈 경우, 우리 나라 농업을 친환경적 농업으로 전환시킬 수 있는 좋은 계기가 될 수 있을 것이다.

백화점의 유기농산물 코너: 최근 소비자들의 선호도가 증대하면서 판매량이 급증하고 있다.

실명제로 생산된 친환경농산물: 품질인증 마크와 함께 생산자의 사진이 담긴 포장지로 싸여져 있다.

친환경농산물이 가지는 장점

친환경농산물은 생산자인 농부뿐만 아니라 소비자인 일반 시민들까지 양자에게 모두 선호되고 있다. 대도시의 소비자들은 이제 실명제로 생산된 친환경농산물을 통해 생산자의 이름과 사진까지 직접 확인할 수 있게 되었다. 이와 같이 친환경농산물은 생산자와 소비자를 직접 연결해줄 뿐 아니라 오늘날과 같이 오염·파괴되어 가고 있는 토양과 자연생태계의 복원을 위해서도 매우 바람직하다.

우선 소비자의 입장에서 보면 친환경농산물은 다소 비싼 것이 흠이긴 하지만, 무공해 농산물로서 맛과 향기가 좋고 영양가의 함량도 높으며 신선도가 오래 지속되는 장점을 가진다. 오늘날 환경오염에 대한 위험의식이 증대하고 있는 상황에서 환경호르몬을 유발할 가능성이 있는 가공음식이 일반화되고, 특히 인체에 치명적 영향을 미칠 수 있는 유전자조작식품 등이 시중에서 일상화되고 있다. 이러한 일반 농산물에 비해, 친환경농산물은 환경적 위기의식에 쫓기고 있는 시민들에게 환경의식을 고양시키고 친환경적 생활양식을 가꾸어나갈 수 있도록 한다.

생산자인 농민의 입장에서 보면, 처음에는 친환경농산물 재배에 여러 가지 어려움이 따르겠지만, 어느 정도 안정되면 친환경적 재배가 내병성 및 냉해와 한발에 강하고, 궁극적으로 생산성이 높아지는 장점을 가진다. 사실 우리 나라 농업은 급속한 시장개방과 공급과잉으로 가격이 하락하고 있으며, 이로 인해 농가수지가 급속히 악화되고 결국 농가부채가 증가하는 악순환을 반복하고 있다. 이러한 우리 나라 농업의 취약성을 극복하기 위하여 수입농산물에 대처할 수 있는 친환경적 토산농산물의 재배가 중요한 대안으로 제시되고 있다.

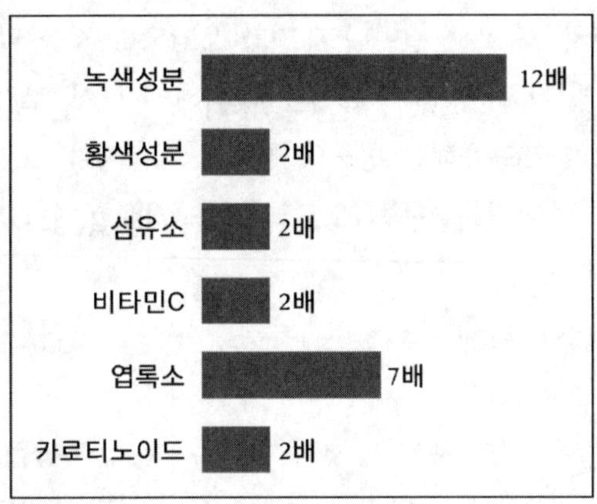

<그림 1> 일반 배추와 비교한 친환경 배추의 영양분 함유량

또한 이러한 친환경농업은 궁극적으로 화학비료나 농약의 남용으로 황폐화되어가는 우리의 농토와 농촌생태계를 살리는 길이 된다. 현재 우리 나라의 농약 및 화학비료 사용량은 경제협력개발기구(OECD) 국가 가운데 상당히 높은 편이다. 1998년 기준으로 한국에서 1ha당 화학비료 사용은 406kg으로 일본 348kg, 미국 114kg보다 높았고, 농약 사용도 2000년 기준으로 우리 나라가 1ha당 12kg인 데 비해 일본은 19kg으로 높지만, 미국은 2kg에 불과하다. 토양오염의 한 원인으로 지적되는 폐비닐과 농약병 수거율도 낮아 2001년 24만 톤의 폐비닐 중 수거량은 12만 톤에 그쳤고, 농약병도 7,500만 개가 사용되었으나 수거된 것은 절반에도 못 미치는 3,300만 개에 불과했다.

이러한 문제점을 해결하기 위한 중요한 대안이 바로 친환경농업, 특히 유기농업이다. 다양한 유기농법은 작물의 재배를 위해 필요한 유기물질들을 땅으로부터 빼앗는 것이 아니라, 오히려 이를 흙 속으로 되돌려주기 때문에 생태계를 복원시킨다. 인공적으로 지력을 높이는 화학비료나 농약의 사용을 줄이거나 중지함으로써, 토양이

오염되고 이차적으로 수질이나 대기가 오염되는 것을 막아준다. 대신 곤충·미생물·균류 등의 유기물에 의해 지력이 보강됨에 따라 작물은 건강해지고 유해한 병충의 침해가 없어지며, 토양은 보수력과 통기성이 높아져서 지속적으로 작물을 재배할 수 있게 된다.

친환경농법의 지혜

친환경농법은 결코 새로운 것이 아니다. 우리 조상들이 오랜 옛날부터 계속 사용해오던 방법이다. 이러한 방법에 최근의 연구성과들이 더해져 농법을 풍부하게 하고 있다. 그러나 친환경농법을 처음 시작하기란 쉽지 않다. 그만큼 많은 노력과 지혜가 필요하기 때문이다.

첫째, 재배작물에 양분을 공급하기 위하여 좋은 퇴비를 만드는 것이 중요하다. 화학비료를 쓰는 대신 볏집·풀·가축의 분뇨 등으로 퇴비를 만들어 토양에 유기물을 공급한다. 이러한 퇴비는 다음과 같은 이점이 있다. ① 식물에 양분을 지속적으로, 또한 미량원소까지 골고루 공급할 수 있다. 영양상태가 균형을 이뤄 식물이 튼튼해지고 병충해에도 강하다. ② 여러 토양생물이 잘 살 수 있어 생태계가 안정된다. 유기물 자체가 식물의 양분이 아니고, 미생물의 활동결과 생기는 산물들이 식물의 양분이 되므로 토양생태계의 안정과 균형은 매우 중요하다. ③ 떼알 구조(공기유통이 좋고, 수분증발이 적어서 작물이 잘 자랄 수 있는 구조)가 형성되어 식물의 뿌리에 물과 공기를 충분히 공급할 수 있다. ④ 잘 만든 퇴비는 중성 또는 약알카리성이기 때문에 토양산성화를 막을 수 있다.

둘째, 농약을 쓰지 않을 경우 제초가 큰 문제가 되고, 이로 인해 많은 노동력이 필요하다. 그러나 제초기계가 개발되어 있고, 오리

나 우렁이를 논에 키움으로써 제초효과를 얻는 오리 농법, 우렁이 농법 등의 여러 가지 방법들이 전해져 내려오거나 연구되고 있다. 이러한 점에서 최근 우리의 선조들이 농사를 지었던 것처럼 들판의 위치별 작물 생육상태나 토양조건에 따라 가장 알맞은 작업방법을 선택하고 필요한 기계를 이용함으로써 비료나 농약의 사용을 최소화하고 환경충격을 줄이고자 하는 '정밀농업'이 강조되고 있다.

셋째, 오늘날 농약의 사용 없이는 불가능한 것처럼 보이는 부분이 바로 병충해 방제이다. 생태계를 안정하게 유지하면 병균이나 해충은 먹이그물에 의해 그 수가 어느 정도 이상 늘어나지 않는다. 또한 식물이 충분하고 균형 있는 영양섭취를 하여 튼튼해지면 스스로 병충해에 대한 내성을 갖는다. 천적을 풀어놓거나, 기피 식물을 심거나, 잎에 기름이나 니코틴 등을 살포하여 병균이나 해충이 달라붙지 못하게 하는 방법 등도 있다.

끝으로, 직접 농삿일을 전문으로 하는 농부가 아니라고 할지라도, 일반 시민들도 조그만 텃밭을 마련하여 유기농법을 이용하여 자신이 필요로 하는 채소나 여타 작물들을 재배하고 수확하는 경험을 가져보는 것이 매우 중요하다. 이러한 경험은 농삿일이 꽤나 힘든 일이지만 동시에 생산의 기쁨을 준다는 사실을 직접 느낄 수 있게 하고, 특히 유기농법을 통해 수확된 농산물들을 자신의 가족이나 이웃들과 함께 나누어 먹을 수 있는 즐거움을 가져다줄 것이다.

친환경농업에 대한 전망과 정책적 과제

친환경농산물, 특히 유기농산물에 대한 선호도가 점차 높아지면서 유기농산물시장은 이제 더 이상 틈새시장이 아니다. 이러한 경향은 단지 우리 나라에만 한정된 것이 아니라 세계적인 추세라고 할

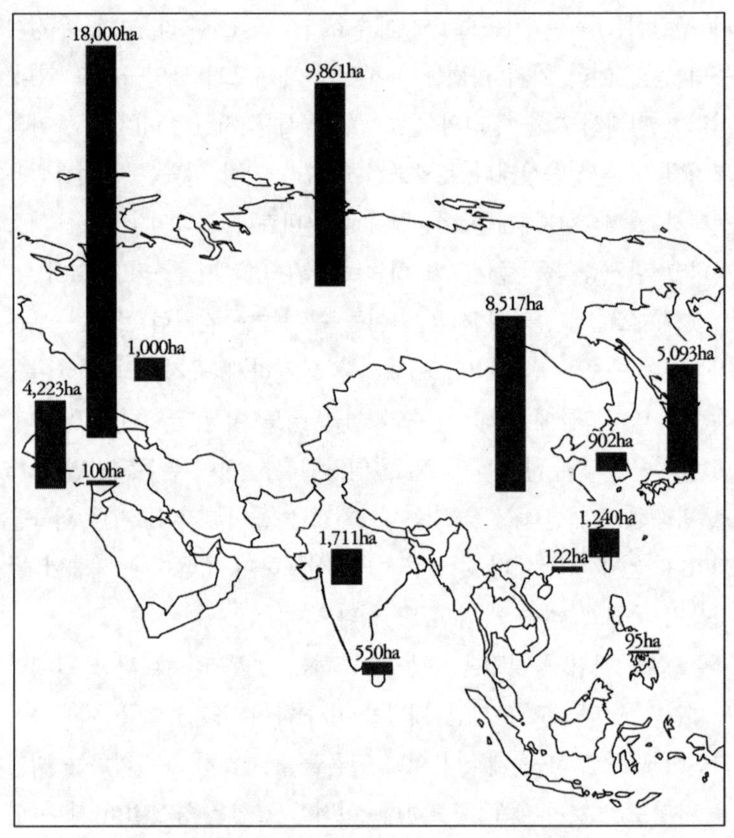

<그림 2> 아시아의 유기농업 분포

수 있다. 최근 연구들에 의하면 유기농산물의 생산은 개발도상국들에서도 상당히 활발하게 이루어지고 있으며, 유기농산물시장은 특히 산업화된 나라에서 더 크게 성장하고 있음을 알 수 있다. 현재로서는 유기농산물의 시장 점유율이 대규모 시장에서조차 1~2% 수준에 머물고 있지만, 앞으로는 분명히 크게 증대할 것으로 예측된다.

그러나 유기농산물시장이 성장할 것임을 기대만 하고 있을 것이 아니라, 친환경적 농업이 인간과 자연을 모두 건강하게 만든다는 사실을 적극적으로 홍보해나갈 필요가 있다. 그리고 정부는 친환경적 농업을 위하여 더욱 개량화된 방법들의 개발 및 보급에 힘써 나가야 한다. 정부가 유기농에 대해 좀더 적극적으로 보조하고 지원해줌으로써 소비자 신뢰를 확보하고 지역시장을 형성하는 데 도움을 줄 뿐만 아니라, 유기농산물의 해외수출도 자극할 수 있어야 할 것이다. 유기농산물은 기본적으로 생산 과정에서 친환경적 농법을 적용한 무공해(또는 최소한 저공해) 물품이라는 신뢰를 전제로 한다. 따라서 유기농의 기준을 엄격하게 적용해나가야 할 것이다.

또한 신선도가 유지되는 신속한 운송체계를 위한 유통구조의 개선과 더불어, 국제적 유기농업운동의 인증 프로그램을 도입하여 유기농산물의 수출에도 관심을 가져야 할 것이다. 사실 최근 농산물시장의 개방과 급속하게 진행되는 시장의 세계화로 인하여 유기농업은 중요한 도전에 봉착하였다. 물론 유기농산물의 생산과 소비는 기본적으로 지역시장을 전제로 하고 있다고 할지라도, 해외에서 수입되는 저가의 농산물들과 어떤 방식으로든 경쟁을 해야 하며, 이를 이겨낼 수 있어야 한다.

(2002. 3. 5.)

참고문헌

김진태. 1992, "어느 유기농업 초년생의 애환", ≪월간 말≫, 12월호, 통권 78호.

박정훈. 2002, 『잘먹고 잘사는 법』, 김영사.

빈센트 슈텔리. 2001, 세계 유기농업의 동향과 기준 — 국제인증프로그램을 중심으로, http://www.anseo.dankook.ac.kr/~ecnet/serve/yp21-1-k.htm.

임재욱 외. 2002, 『텃밭 채소 가꾸기』, 허브월드.

대체 에너지로 각광받는 풍력발전

남쪽에서 불어오는 바람이 사람들의 마음뿐만 아니라 들판의 동식물들도 들뜨게 만드는 계절이다. 자연지리학적으로 보면, 바람이란 수열량(受熱量)의 불균등으로 인해 발생하는 대기의 흐름을 말한다. 예를 들어, 맨땅이나 모래사장 등은 풀밭이나 나무숲 또는 하천에 비해 태양열을 많이 받아들이기 때문에, 이곳에는 온도가 올라가서 상승기류가 생긴다. 이 상승기류는 결국 상층대기를 밀어올려, 대기의 등압면(等壓面)은 열을 많이 받은 쪽이 높아지고 열을 적게 받은 쪽이 낮아져 기압의 경사가 생긴다. 기압의 경사가 생기면 대기는 기압이 높은 곳에서 낮은 곳으로 흐른다. 이러한 대기의 흐름이 바로 바람이다.

특히 기온이 상승하는 해빙기의 봄철에는 지표면의 수열량이 매우 고르지 않기 때문에 바람이 많이 불고 방향도 일정하지 않다. 즉 봄철은 지형적인 영향으로 새싹이 돋아난 곳과 그렇지 않은 곳, 또는 수분이 많은 땅과 메마른 땅 등에서 온도의 차이가 생긴다. 이렇게 지표면의 상태가 고르지 않으면 수열량의 불균등이 도처에

서 나타나서 소규모의 대류현상이 잘 생기고 회오리바람이 자주 불
게 된다.

 이러한 대류의 흐름인 바람은 사람들에게 많은 영향을 미친다.
봄철에 부는 바람은 방향이 자주 바뀌고 강도도 고르지 않지만, 따
뜻한 기운을 북돋움으로써 만물이 생동하도록 한다. 여름철에 엄청
난 세기로 불면서 폭우를 동반하는 태풍은 농작물과 시설물들에 큰
피해를 입힌다. 그러나 일정한 세기로 바람이 잘 불어주는 들판이
나 해안에서는 이 바람을 이용하여 풍차를 돌리기도 한다. 최근 대
체 에너지로 크게 각광을 받고 있는 풍력발전은 바로 이러한 바람
의 힘을 이용한 것이다.

조성 붐이 일고 있는 풍력발전단지

 우리 나라에는 포항시 대보면 해맞이 광장을 비롯하여 전북 새
만금, 강원도 대관령, 제주도 북제주군 등에 수십 기의 풍력발전기
가 가동되고 있다. 이들은 모두 정부의 '대체 에너지 개발사업'에
따라 정부지원으로 건설된 것으로, 아직은 매우 적은 양에 시범적
건설과 가동단계라고 할 수 있다. 그러나 최근 풍력발전기가 새로
운 대안 에너지원으로 부각되면서 전국적으로 건설 붐이 일고 있
다.

 예로, 경북지역에도 풍력발전을 위한 단지조성이 활기를 띠고 있
다. 경상북도는 포항시 대보면 호미곶에 대규모 풍력단지를 조성하
기 위해 2002년에 8,400만 원을 들여 포항공대 풍력에너지연구소
에 의뢰하여 기본계획을 마련키로 했다. 이 용역의 결과로 타당성
이 확인되면, 2003년부터 한 대당 10억 원인 풍력발전기를 해마다
3기 이상 세울 계획이다. 그리고 앞으로 포항지역에 풍력발전단지

포항 호미곶의 풍력발전기: 높이 40m, 날개 지름 47m로, 2001년 11월부터 정상가동되어 한 달에 13만 4,000kw(620만 원)의 전기를 생산하고 있다.

가 조성되면, 이곳에 태양광 및 태양열 발전기를 추가로 조성하여 종합에너지공원을 건설할 예정이라고 한다.

현재 경북도에는 2001년 포항 호미곶에 세워진 풍력발전기 1기가 있다. 이 풍력발전기는 높이 40m, 날개지름이 47m로 설치된 이후 시행착오를 겪다가 2001년 11월부터 정상적으로 가동되어 한 달 동안 13만 4,000kw의 전기를 생산했다. 이 전기생산량은 620만 원 정도에 해당되는 것으로, 경북도는 그 이후 3개월 동안 상업

운전을 통해 생산한 전기를 한국전력에 공급하여 1,740만여 원의 수입을 올린 바 있다.

다른 한편, 영덕군에서는 전국 처음으로 순수 민자를 유치하여 대규모 풍력발전기를 건설할 예정이다. 영덕군은 2002년 3월 풍력발전기 전문건설업체인 유니슨산업(주)과 영덕군 영덕읍 창포리 '해맞이 공원' 뒷산에 총 37기(750kw 20기, 1.5mw 17기)의 풍력발전기를 건설키로 하고 양해각서를 체결했다. 이 풍력발전기들 가운데 1차로 750kw급 20기는 군유지 32만 평에 건설될 예정이며, 사유지에 건설될 17기는 부지매입이 끝나는 대로 곧바로 착공할 계획이다. 그리고 풍력에 관한 것을 한눈에 알 수 있는 '풍력발전 전시관(300여 평)'도 들어설 예정이어서 창포리 일대가 '해맞이 공원'과 함께 관광명소가 될 전망이다.

이와 같은 풍력단지 조성 붐은 경북지역뿐만 아니라 다른 지역에서도 활발하게 일고 있다. 강원도도 2001년 사업타당성 검토를 마쳤고, 2002년 관계부처와 협의하여 대관령에 연간 발전용량 191gWh(4만 5,000가구 사용량)의 풍력발전단지를 건설하겠다고 밝혔다. 대관령 풍력발전단지는 국내 기업과 독일 투자회사가 설립한 합작회사에서 1,554억 원을 들여 국내 최초로 대단위 민간 상업풍력단지 추진계획에 따라 조성될 것으로 알려졌다. 1단계로 대관령 매봉부터 선자령에 이르는 목장지대에 750kw급 풍력발전기 75기를, 2단계로 한일목장지역에 1.5mw급 발전기 25기를 건설하는 대단위 계획이다.

충남도의 경우도 한국에너지기술연구원 주최로 '풍력발전단지 건설 타당성 조사' 결과 보고회를 2001년 12월달에 가졌다. 연구원에 따르면 당진군 석문방조제와 서천군 부사방조제 일대가 충남 서해안지역에서 풍력발전단지를 건설하기에 가장 적합한 장소인 것으로 조사되었다. 이에 따라 충남도는 2002년까지 최종 후보지를 선정한 뒤 2003년부터 2007년까지 총 150억 원을 들여 10개의 풍력발전기를 설치하고, 매년 800만 kw의 전력을 생산하여 한국전력에 판매할 계획이다.

세계 풍력발전의 증가추세

현재 전 세계의 풍력발전량은 2,300만 명의 가구가 쓰기 충분할 정도로 급증한 것으로 조사되었다. 미국의 한 연구소인 '지구정책연구소'는 세계 풍력발전량이 지난 2000년 1만 7,800mw에서 2001년에는 2만 3,300mw로 31%나 급증했다고 한다. 풍력발전용량의 1mw는 전형적인 산업사회를 기준으로 350가구, 약 1,000명의 전기수요를 충족시킬 수 있는 양이다. 1995년 이후 세계 풍력발전용량은 487%, 즉 5배 가까이 증가해왔다. 반면 같은 기간에 발전의 주된 연료였던 석탄의 사용은 9% 감소했다.

국가별로 보면, 독일이 세계 전체 풍력발전량의 거의 3분의 1에 달하는 8,000mw로 1위를 차지했으며, 미국이 4,150mw로 2위, 그리고 스페인이 3,300mw로 3위를 각각 차지했다. 2001년에 증가한 용량의 2/3는 상위 3개국에 집중되어 있다. 이에 이어 벨기에, 덴마크, 프랑스, 아일랜드, 네덜란드, 스웨덴, 영국 등에서 근해 풍력발전 프로젝트들이 부상하고 있다.

이에 따라 풍력발전 기술도 크게 발전하고 있다. 미국에서 풍력으로 생산된 전기비용은 1980년대 중반 kWh당 35센트에서 2001년 주요 풍력발전단지에서는 4센트로 떨어졌다. 최근 일부 장기공급계약은 3센트에도 계약이 이루어졌다. 저비용의 풍력발전 과정에서는 물의 전기분해를 통한 수소를 추가적으로 얻을 수 있다. 여기

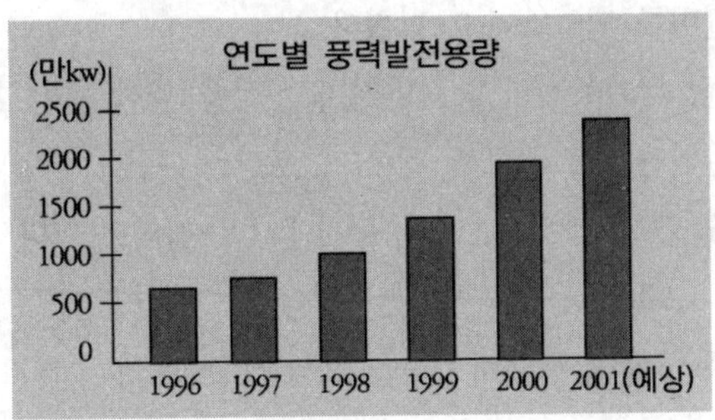

<그림 1> 세계 풍력발전 용량의 증가추이

서 얻어진 수소는 쉽게 저장할 수 있고, 풍력발전이 갑자기 감소할 경우 발전소 내에 설치된 가스터빈의 연료로 사용할 수 있다. 또한 풍력발전 과정에서 생산된 수소는 주요 자동차회사들이 개발에 박차를 가하고 있는 연료전지 엔진에 아주 이상적인 연료가 될 전망이다.

풍력발전을 위한 기계산업도 중요한 의미를 가진다. 즉 풍력 터빈기 생산과 풍력개발에 대한 투자는 수익률이 아주 높다. 하이테크 공장들은 2001년에 매출·수익·주가 면에서 심각한 하락을 겪었던 반면, 풍력발전산업의 매출은 급격히 상승했다. 예를 들어 덴마크에 본부를 둔 노덱스(Nordex)는 세계에서 가장 큰 터빈 생산업체인데, 2001년 9개월 동안의 거래총액이 19% 상승했고 새로운 주문량도 56% 증가했다고 한다.

앞으로 풍력발전 용량의 성장세는 더욱 급속하게 이루어질 것으로 예상된다. '유럽풍력에너지연합(European Wind Energy Association)'은 최근 2010년 유럽의 풍력발전용량 예상치를 4만 mw에서 6만 mw로 수정했다. 예를 들면 프랑스는 수년간 풍력발전을 무시해왔지만 2000년 12월 향후 십년 동안 5,000mw의 풍력발전용량을 가진 설비를 만들겠다고 밝혔다.

특히 유럽 국가들에서 풍력발전기 건설을 위한 연안 프로젝트들이 벨기에 연안에서 시작해 덴마크, 프랑스, 독일, 아일랜드, 네덜란드, 스코틀랜드, 스웨덴, 영국 등지에서 추진되고 있다. 2001년 4월 영국은 1,500mw의 풍력발전용량을 가진 연안 풍력발전단지의 임차권을 정유회사 쉘(Shell Oil)을 포함한 몇 개의 입찰자들에게 팔았다. 독일에서는 2002년과 2003년에 각각 2,500mw 분량을 증설하고, 이러한 추세로 갈 경우 2003년 말에는 독일 정부의 2010년 목표인 1만 2,500mw를 능가하게 된다.

미국에서도 풍력발전용량은 급속하게 증가하고 있다. 오리건 주와 워싱턴 주의 경계에 건설되고 있는 300mw 용량의 스테이트라인 윈드 프로젝트(Stateline Wind Project)는 세계에서 가장 큰 풍력발전지역의 개발을 추진하고 있다. 텍사스 주는 2001년에 몇 개의 프로젝트에서 900mw를 증가시켰고, 사우스다코타 주에서도 풍력에너지 개발자들이 목장과 농장 22만 2,000에이커의 바람 사용권을 확보하고, 3,000mw의 큰 풍력발전단지를 개발할 예정이다. 그외 국가들에서도 풍력발전소 건설계획이 활발하게 이루어지고 있다. 예로, 2001년 초 아르헨티나도 파타고니아에 3,000mw 용량의 풍력발전시설을 지을 계획이라고 발표했다. 그리고 2001년 5월 북경에서 나온 보고서에 따르면 중국은 2005년까지 2,500mw에 이르는 풍력발전을 개발할 것이라고 한다.

풍력발전의 일반적 의의

이와 같이 우리 나라뿐만 아니라 전 세계적으로 풍력발전의 붐이 일고 있는 데는 여러 가지 이유가 있다. 우선 풍력은 무공해로,

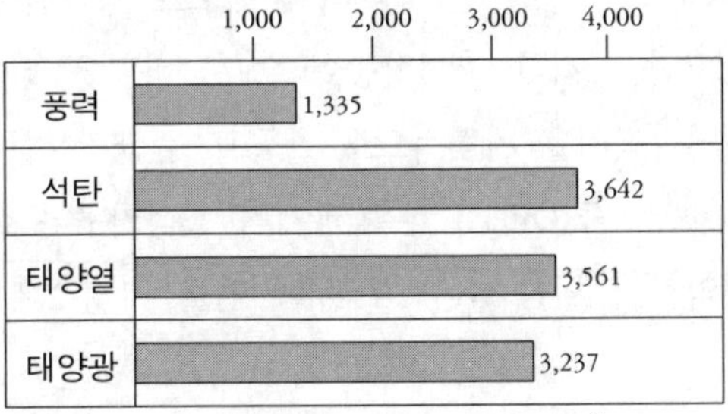

<그림 2> 발전방식에 따른 소요면적(m^2/gWh)

이를 이용한 발전은 환경에 미치는 영향이 상대적으로 적다. 특히 풍력발전은 재생가능한 바람을 이용하므로 환경에 미치는 영향이 거의 없고, 국토를 효율적으로 이용할 수 있다. 또한 풍력발전단지의 면적 중에서 실제로 이용되는 면적은 풍력발전기의 기초부, 도로, 계측 및 중앙제어실 등으로 전체 단지면적의 1% 정도이며, 나머지 99%의 면적은 목축·농업 등의 다른 용도로 이용할 수 있다. 일반적으로 발전방식에 따른 소요면적은 풍력이 1,335m^2/gWh로 다른 방식에 비해 월등히 적다.

둘째, 풍력발전은 공해물질 저감효과도 매우 크다. 200kw급 풍력발전기 1대를 1년간 운전하여 40만 kWh의 전력을 생산한다면 약 120~200톤의 석탄을 대체하게 되며, 줄어드는 공해물질의 배출량도 연간 아황산가스(SO_2) 2~3.2톤, 질소산화물(NOx) 1.2~2.4톤, 이산화탄소(CO_2) 300~500톤, 슬래그(slag)와 분진(ash) 16~28톤에 달하고, 부유물질은 연간 약 160~280kg 정도 배출이 억제되는 효과가 있다.

셋째, 풍력은 장기적인 가격안정성과 에너지 독립성을 제공한다. 현재 대규모 풍력발전단지의 경우 발전단가는 기존의 발전방식과 경쟁가능한 수준이다. 풍력발전 기술의 발달로 생산비용이 저렴하고 계속 하락하고 있을 뿐만 아니라 풍력으로 생산된 전기는 석유나 천연가스처럼 급격한 가격상승이 없다. 바람은 넓게 분산되어 있으므로 풍력발전기를 지역적으로 소규모 분산조성할 수 있기 때문에, 석유수출국기구(OPEC) 같은 국제적 조정기구나 실제 세계 석유수급을 장악하고 있는 소수 초국적기업들의 횡포에서도 자유롭게 된다.

넷째, 풍력발전 관련 산업을 대체 에너지 개발산업으로 육성할 수 있다. 대체 에너지 개발산업은 세계적인 환경규제 강화와 무역-환경의 연계 추세로 오는 2005년까지 연평균 증가율 3~6%를 기록할 것으로 보이며, 2002년 기준으로 세계시장규모는 5,862억 달러에 달할 것으로 추정된다. 특히 동남아를 비롯한 아시아 지역의 성장세는 연 15~18%가 될 것으로 예상되며, 중국의 경우 2008년 하계 올림픽 유치로 환경특수가 일고 있어 급격한 시장확대가 예상되고 있다.

현 단계 풍력발전 추진에 있어 문제점

풍력발전이 가지는 이러한 중요한 의의에도 불구하고, 최근 우리나라에서 풍력발전단지 조성계획을 둘러싸고 환경단체들간에 이견이 제기되고 있다. 환경운동연합과 에너지시민연대 등은 대관령 풍력발전단지 건설을 서둘러야 한다는 입장이다. 이들의 주장에 의하면, 풍력발전은 현재로서는 가장 깨끗한 재생가능 에너지 생산방식으로, 다만 철저한 환경영향평가를 실시하는 등 악영향을 줄이기 위한 노력이 전제되어야 한다. 반면, 녹색연합 등은 다양하게 시도되는 대안 에너지 개발에 대해서는 찬성하지만, 건설예정지가 희귀 동식물들이 자생하고 있는 '생태계의 보고'라는 사실에 주목하고,

백두대간 풍력발전단지 건설 토론회: 한편으로 대안 에너지로서 각광을 받고 있지만, 다른 한편으로 너무 졸속으로 추진되어 기존 생태계를 파괴한다는 지적도 있다.

이곳에 풍력발전기를 조성하는 데 대해 부정적인 입장을 보이고 있다.

현재 대관령 등지에서 추진되고 있는 풍력발전단지 조성계획은 분명 몇 가지 문제점을 안고 있다. 첫째, 풍력발전 조성사업이 생태계를 파괴할 수 있다는 점이다. 풍력발전기 건설예정지인 대관령은 백두산에서 지리산에 이르는 백두대간의 중심으로 대부분의 지역이 녹지등급 8등급 이상의 개발제한구역이고 사향노루·담비 등 법정보호종과 천연기념물이 다수 서식하고 있다. 풍력발전기를 건설할 경우, 지형변화는 물론 소음공해 등을 초래하는 풍력발전시설이 생물다양성을 파괴할 수 있기 때문에, 해당 지역에 대한 종합적인 관리대책을 수립한 뒤에 발전단지를 건설해야 한다.

둘째, 현재 풍력발전계획은 철저한 과학적 기초조사가 미흡한 상태에서 졸속으로 추진되고 있다. 예로, 풍력발전기의 건설은 일정한 세기의 풍력을 필요로 하는데, "연평균 풍속이 초당 6.5m, 연평균 발전설비 이용률이 25% 미만일 때는 풍력발전을 포기하는 것이 낫다"고 한다. 그러나 한 관계자의 말에 의하면, "현재 풍력발전을 추진하고 있는 지역 중 연평균 풍속이 6m도 안 되는 곳도 있다"고 한다.

셋째, 지자체의 무분별한 풍력발전계획으로 돈 낭비가 우려되고 있다. 즉, 전국 자치단체들이 풍력자원에 대한 면밀한 조사 없이 '바람 팔아 돈 버는' 풍력발전사업에 뛰어들고 있어 국가적 재원 낭비가 우려된다는 비판도 제기되고 있다. 2001년부터 지방자치단체들, 특히 제주도와 강원도, 경북, 전북, 전남, 인천, 서울 등이 풍력발전을 위해 대규모 단지건설 투자의향서를 체결하는 등 사업추진을 서두르고 있다. 각 자치단체들이 풍력발전에 관심을 쏟는 것은 대체 에너지 확보차원이기도 하지만, 또한 정부예산지원(국비 80% 지원)이 많기 때문이다. 그리고 풍력발전단지 자체가 관광자원으로 각광을 받고 있다는 점에서 지방자치단체의 입장에서 매우 매력적인 사업으로 인식되고 있다.

넷째, 경제적인 면에서 아직 경쟁력이 떨어진다. 풍력발전은 상당한 초기 투자비용을 수반하기 때문에 발전기만 설치해놓고 제대로 가동하지 못한다면 예산만 낭비할 가능성이 높다. 풍력발전을 하려면 적어도 2~3년은 기초조사를 실시하여 자원과 경제성에 대한 검토를 반드시 거쳐야 한다는 것이 전문가들의 공통된 지적이다. 전국 처음으로 풍력발전을 시작한 제주도의 경우 지난 1980년 기본계획이 수립되었지만 상업운전까지 18년이 걸렸다. 제주도는 2002년 초 북제주군 구좌읍 행원풍력단지에 225~750kw 풍력발전기 9기를 설치·가동중이며, 올해 7억 원의 전력 판매수입을 올릴 것으로 전망하고 있다. 하지만 현재로서는 생산원가가 90원(kWh당)이나 판매가는 63.51원에 그쳐 적자를 기록하고 있다.

풍력발전의 전망과 과제

석유수입량이 세계 4위에 이를 정도로 화석연료에 대한 의존도가 높은 우리 나라의 에너지 소비실정을 감안하면 풍력발전과 같은 대안 에너지의 개발이 시급하다. 특히 2001년 세계기후변화협약인 교토의정서의 이행안이 타결됨에 따라 우리 나라도 2003년까지 이산화탄소 배출량을 3% 감축해야 하고, 2006년까지 전체 에너지 사용량의 2%를 풍력 등 대체 에너지로 전환해야 한다. 한국은 온실가스 배출량 세계 9위이며, 에너지원의 97% 이상을 수입에 의존하고 있는 반면, 재생 에너지가 에너지 공급에서 차지하는 비중이 0.08%에 불과한 실정이다. 달리 말해, 국토 전역에 분포하는 태양 에너지, 풍력 에너지, 지열, 바이오매스 등 재생가능 에너지원은 거의 이용되지 않고 있다.

특히 풍력발전은 다른 에너지원의 개발방식에 비해 상대적으로 환경훼손이나 오염이 적다는 점에서 의의가 있다. 지구환경정책연구소 소장인 레스터 브라운 박사의 주장에 의하면, "전기 형태의 풍력 에너지는 현대경제의 다양한 에너지 수요를 충족시킬 수 있다. 풍부하고 고갈되지 않으며 저렴한 풍력은 새로운 에너지 경제의 기초가 될 것"으로 예상된다. 물론 풍력발전은 역동적인 산업으로, 미래의 성장세를 예상하기란 쉽지 않다. 그러나 일단 어떤 나라가 100mw 정도라도 풍력발전을 시작하고 나면 이후엔 풍력 에너지원 개발에 적극성을 띠는 경향이 있다. 미국은 이 문턱을 1983년에 넘었고, 덴마크는 1987년, 독일은 1991년, 인도는 1994년, 스페인은 1995년에 이런 변화를 겪었다. 1999년 말에 캐나다, 중국, 이탈리아, 네덜란드, 스웨덴, 영국도 이 경계를 넘었으며, 2000년에 그리스, 아일랜드, 포르투갈이, 2001년에는 프랑스와 일본도 이 대열에 합류했다. 2002년 초 현재 세계인구의 절반을 차지하는 16개 국가가 풍력발전에서 빠른 성장국면에 들어선 상태다.

앞으로 고갈되지 않는 에너지원인 바람은 우리가 사용할 수 있는 것보다 더 많은 에너지를 줄 수 있다. 그러나 풍력발전단지 조성사업을 지나치게 졸속으로 시행해서는 안 될 것이다. 지역별로 풍력발전의 가능성에 대한 철저한 과학적 조사가 있어야 할 것이며, 이를 토대로 장기간에 걸쳐 추진되어야 막대한 예산낭비를 막을 수 있는 만큼 정부 차원의 조정작업이 필요하다. 뿐만 아니라, 풍력발전단지 조성에 내재된 문제들, 즉 대안 에너지의 개발단지 조성에 의한 생태계 파괴라는 이율배반적인 문제를 해결하기 위하여 시민단체와 주민들의 광범위한 여론수렴이 필요하다.

예로, 대관령 풍력단지사업이 산림을 대규모로 벌채하거나 희귀 생물종의 서식처를 파괴하는 등 생태적 가치를 심각하게 훼손한다면 당연히 취소되어야 한다. 그러나 실질적인 환경영향이 크지 않고, 특히 화력발전이나 원자력발전처럼 환경에 비가역적인 손상을 주는 대신 회복가능한 정도의 영향을 미친다면, 차선책으로 이러한 풍력단지 조성은 받아들일 수 있을 것이다. 화석연료와 원자력 위주의 대규모 집중형 에너지 체제를 재생가능 에너지 위주의 소규모 분산형 체제로 전환하는 것은 지속가능한 사회로 전환하기 위한 필수요건이다.

(2002. 3. 12.)

참고문헌

레스터 브라운. 2002, 한 해 동안 31퍼센트 성장한 세계풍력발전, (사)시민환경정보센터, http://cice.kfem.or.kr.

마이클 레너. 2001, "이제는 풍력 발전이다", ≪함께 사는 길≫, 4월호.

이상훈. 2000, "한국 풍력발전의 미래", ≪함께 사는 길≫, 7월호.

이이다 데츠나리. 2002, 『에너지 민주주의』(제진수 옮김), 이후.

손충열. 1998, 국내외 풍력발전기의 기술 개발 및 보급 현황, 환경운동연합과 유네스코한국위원회가 주최한 재생가능에너지워크숍(제2차, 1998. 6. 18.) 발표문, http://www.ksdn.or.kr/resource/eco/eco01/e010013.htm.

봄이면 찾아오는 불청객, 황사(黃砂)

봄철은 지면상태가 고르지 못하기 때문에, 바람이 자주 불 뿐만 아니라 풍속도 강하고 풍향도 자주 바뀐다. 특히 봄바람은 숨이 거칠다. 바람의 숨이란 풍속이 일정치 않고 자주 강해졌다 약해졌다 하는 변화상태를 뜻한다. 지표면의 온도가 불규칙할수록, 바람의 숨은 거칠다. 예로, 강이나 저수지, 산과 골짜기, 풀밭과 맨땅 등이 서로 접해 있는 곳일수록 바람의 숨은 심하게 변한다. 바람의 숨이 거칠면 바람에 의한 지표면 물체의 움직임이 커지기 때문에 조심해야 한다. 바람의 숨이 거칠어지면 강가에서 낚시를 할 때 낚시대가 날아가거나, 심지어 보트를 타고 수상낚시를 할 때는 보트가 뒤집힐 염려가 있다.

뿐만 아니라 봄철 지표면의 상태가 고르지 않기 때문에 발생하는 바람은 방향과 세기가 일정하지 않고 상승기류를 많이 탄다. 이 때문에 봄철에 회오리바람이 우리 눈에 잘 띄게 되고, 옛날부터 '봄바람은 처녀들의 치마폭에 스며든다'는 말이 전해지고 있다. 우리 나라 처녀들은 통치마를 즐겨 입었는데 봄철에 나물을 캐러 들

녘에 나가면 회오리바람이 불어 치마폭을 부풀리는 데서 유래된 말이라고 하겠다. 이와 유사하게 봄바람은 건조한 곳에서는 먼지를 불어올리기 때문에, 봄철에 풍진과 황사현상이 잘 나타난다.

황사현상은 소규모지역을 훨씬 벗어나서 국제적인 차원에서 문제를 일으키고 있다. 황사현상은 몽고나 중국 화북지방의 회오리바람에 의해 먼지가 올라가서 상층풍을 타고 동쪽으로 이동해오는 흙먼지를 말한다. 심할 경우에는 많은 낙진이 있으므로 건강에 좋지 않을 뿐만 아니라 날씨 변화와도 밀접한 관계가 있다. 우리 나라의 봄철 황사현상은 오랜 역사를 가지고 있지만, 최근 들어 더욱 빈번하게 발생하고 유달리 심해지고 있다.

최근 황사의 발생추세

기상청은 2002년 3월 17일 "중국 북부에서 발생한 황사가 바람을 타고 동쪽으로 이동하면서 한국 전역에 영향을 미치고 있다"고 밝혔다. 18일에도 약하지만 전국적으로 황사현상이 이어졌고, 바람도 많이 불었다. 2002년 들어 서울에는 이미 지난 1월 12~13일에 이어 또다시 황사가 찾아온 것이다. 2001년 12월 13일경에도 전국적으로 이례적인 겨울 황사현상이 나타났다. 2001년 서울 등지에서 황사의 발생일수는 최근 40년 사이 최다를 기록했는데, 2001년 1월 2일 첫 황사현상이 관측된 이래 모두 26일째를 기록하여 61년 이래 최다발생일수 기록을 경신했다.

특히 중국에서 날아오는 황사의 영향으로 중국과 가까운 서해안 지역에는 대기오염이 심각하다. 예로, 중국과 가까운 군산시의 경우, 먼지오염도가 기준치를 초과한 횟수가 연간 50회를 넘고 가시거리도 전국 최저치를 보이고 있다. 전주환경관리청이 2001년 한해 동안 미세 먼지 오염도를 조사한 결과 1일 평균 기준치인 150 μg/㎥를 넘긴 횟수가 군산(3개소)에서 56회, 익산(1개소) 21회, 전주 (2개소) 10회로 집계되었다. 군산지역의 대기오염이 심화된 것은 중국과 가까운 데다 '황사띠'가 주로 충남 태안반도 아래쪽으로 형성되어, 서해안의 다른 지역보다 황사의 영향을 훨씬 많이 받기 때문인 것으로 분석되었다.

군산지역의 경우 좀더 자세히 살펴보면, 연도별 미세 먼지 평균 오염도는 1999년 64μg/㎥, 2000년 74μg/㎥, 2001년 78μg/㎥로 조사되어 대기오염도가 해마다 심화되고 있는 것으로 나타났다. 특히 황사가 많이 날아드는 3월의 경우 군산지역 오염도 평균치는 145μg/㎥, 4월은 120μg/㎥이며 황사가 가장 심한 날의 측정치는 1일 기준치의 4배 가까운 593μg/㎥나 되었다. 또 기상청의 조사에 의하면, 1982년부터 2001년 사이 군산지역의 연평균 가시거리는 18.62km에서 10.79km로 줄어들었는데, 군산은 전국 10개 주요도시의 연평균 가시거리에서 가장 짧은 것으로 나타났다.

2002년에는 봄 가뭄이 계속되면서 봄의 불청객인 황사가 예년보다 더 자주 찾아올 것이라고 우려되고 있다. 지난 2월 기상청은 '봄철 계절예보'를 통해 "올봄에는 이동성 고기압의 영향으로 강수량이 평년(190~513mm)보다 적고 지난해에 이어 봄 가뭄이 계속될 것으로 보인다"고 밝혔다. 3월에는 기온이 평년(6~14℃)과 비슷하거나 조금 높고, 4~5월에는 기압골의 영향으로 남부지방에 한두 차례 많은 비가 오겠지만 중부지방은 강수량이 적고 건조한 날이 많을 것으로 예측되었다. 이러한 건조한 날씨는 동북아시아 전역에 걸쳐 나타나고 있다. 특히 중국 내륙지방에 고온건조한 날씨가 이어지면서 평년의 경우 3.3일 간격으로 발생한 황사가 더 자주 나타날 것으로 예상된다.

황사는 왜 발생하는가?

황사현상은 대체로 봄철인 3~4월에 중국 북부의 황토지대에서 미세한 모래먼지가 바람을 타고 한반도로 날아오기 때문에 발생한다. 이 시기에 중국 북부내륙지방, 특히 고비, 타클라마칸 사막 및 황하 상류지대는 매우 건조해지고 온도가 상승하면서, 흙먼지가 강한 상승기류를 타고 3,000~5,000m 상공으로 올라가 초속 30m 정도의 편서풍을 타고 한반도까지 날아와 황사현상을 유발한다. 심할 경우는 동해를 지나 일본에까지도 상당한 영향을 미친다.

이러한 황사는 옛날에도 일어났던 것 같다. 신라 아사달왕 21년(174)의 기록에는 우토(雨土)라는 표현이 있고, 백제 무왕 7년(606)에는 흙비가 내렸다는 기록이 있다고 하는데, 이것이 오늘의 황사현상인 것으로 추정된다. 최근 들어 황사가 더욱 심해진 것은 중국, 몽골, 중앙아시아 지방에서 이상건조로 인하여 사막화현상이 가속화된 데다 주변 임야의 무분별한 벌채·개간으로 더욱 악화되었기 때문이다.

뿐만 아니라 중국의 급속한 공업화는 이러한 황사현상에 대기오염물질들을 추가하게 되었다. 중국은 특히 공업화에 필요한 에너지원을 석탄에 크게 의존하고 있다. 즉 2000년의 경우 중국의 에너지 소비량은 8억 470만 TOE(석유환산 톤)였는데, 이 중 석탄이 4억 9,400만 TOE로 61.4%를 차지하고 있다. 이러한 중국의 석탄소비량은 전 세계 석탄소비량의 약 1/4에 해당된다. 이는 지난 몇 년 사이 다소 완화된 것으로, 1998년의 경우 중국의 에너지 소비량은 8억 4,000TOE였으나, 이 가운데 석탄이 차지한 비중은 72.8%에 달했다. 이러한 석탄 에너지의 사용은 엄청난 대기오염물질을 유발하여 황사에 포함되도록 한다.

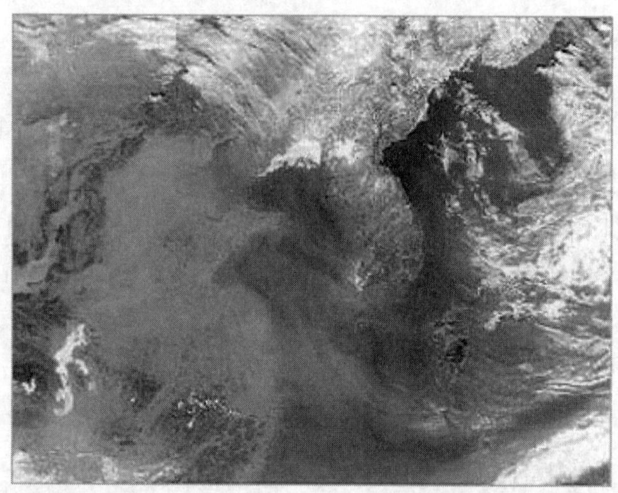

동북아지역 황사현상에 대한 위성사진: 중국 동부지역에서 석탄에
의존하는 공업의 발달로 발생한 대기오염물질들이 황사 바람을 타고
한반도와 일본 큐슈(九州) 주변까지 영향을 미치는 것으로 미국 항
공우주국(NASA) 위성사진 촬영 결과 확인되었다.

이러한 동북아지역의 황사현상은 미국 항공우주국(NASA)의 원격
탐사 사진에서도 확인되고 있다. NASA는 홈페이지에 새로 개설한
자연재해 관련 웹사이트(earthobservatory.nasa.gov/NaturalHazards/natural_
hazards_v2.php3)에서 2002년 1월 11일 지구 탐사위성으로 촬영한
중국 동부와 한반도 주변의 대기 사진을 공개했다. 이 사진에서 베
이징(北京)에서 상하이(上海)에 이르는 중국 동부 대부분이 회갈색
의 미세한 먼지 구름으로 뒤덮여 있으며, 이 구름은 바람을 타고
한반도와 일본 큐슈(九州) 주변까지 움직이는 것으로 나타났다. 먼
지 구름은 중국 내륙에서 동쪽으로 부는 거센 바람에 실려 날아온
모래와 중국 각지의 공장과 차량에서 뿜어져 나오는 오염물질들로
추정된다.

황사로 인한 피해와 개인적 대책

황사에는 단순히 모래먼지뿐만 아니라 중국의 급속한 공업화, 특히 석탄중심의 공장지대에서 배출되는 대기오염물질들이 다량 함유되어 운반되는 경우가 많기 때문에, 그 유해성도 점점 심각해지고 있다. 황사에 포함된 주요 대기오염물질들은 실리콘과 알루미늄, 칼륨, 칼슘 등이며 이런 물질들은 대기 중에서 화학반응에 의해 질소산화물(NOx)과 황산화물(SOx) 등을 생성한다. 이러한 오염물질들로 인한 피해는 직접 인체에 영향을 미칠 뿐만 아니라 강한 산성비를 내리도록 하여 생태계와 인공환경에도 영향을 미친다.

우선 황사는 시민들의 건강에 큰 위협이 되고 있다. 황사에 섞여 있는 황산화물과 질소산화물은 그 자체로서 흡연자들의 만성 기관지염을 악화시키고, 면역기능이 약하고 폐활량이 작은 노인과 어린 아이들에게 호흡기 감염질환을 일으킨다. 특히 기관지 점막을 자극해 바이러스가 쉽게 침투할 수 있는 조건을 만들기 때문에 기존의 천식환자나 폐질환 환자의 질환을 악화시키면서, 감기나 알레르기성 호흡기질환을 일으키기도 한다.

또한 바람이 심할 경우 모래먼지와 더불어 이물질이 눈에 들어가서 눈병을 일으키기도 한다. 즉 황사에 섞여 있는 중금속과 미세먼지가 눈에 들어가 눈이 따갑고, 눈을 비비면 끈끈한 분비물이 나온다. 증세가 심할 때는 결막(흰자위)이 부풀어올라 자극성 결막염이나 알레르기성 결막염, 안구건조증 등을 악화시키거나 유발할 수 있다.

황사는 또한 산성비의 주요 원인이 된다. 국립환경연구원의 조사에 의하면 2000년 전국의 75% 가량의 지역에 내린 비가 산성비에 해당되는 것으로 나타났다. 산성도가 가장 심한 곳은 전남 광양

(pH4.5)이며, 서울(pH4.6), 경기 안산과 경남 거제(pH4.7) 등으로 대규모 공단지역과 대도시일수록 산성도가 높은 것으로 조사되었다. 이러한 산성비의 일부는 국내의 공단이나 자동차 배출가스에 의한 오염물질들이 대기 중에서 강우로 떨어진 것이긴 하지만, 때로 중국에서 불어온 황사에 포함된 대기오염물질들이 한반도 상공에서 빗방울 속에 녹아서 내린 것이다.

이와 같은 문제를 유발하는 황사현상에 대한 근본대책은 물론 국가적 차원에서 이루어져야 하겠지만, 개인적 차원에서도 대비할 수 있어야 한다. 우선, 황사가 심할 때는 외출을 자제하는 것이 최선이다. 어쩔 수 없이 외출할 때는 가능하면 마스크를 쓰고, 귀가 후에는 반드시 손발을 깨끗이 씻고, 양치질을 하여 입 안을 씻어내야 한다. 특히 황사에 포함된 중금속과 먼지는 콘택트렌즈 표면에 붙어 결막과 각막을 자극하여 결막염을 일으키거나 각막 상처를 유발할 수 있기 때문에, 외출 후에는 눈을 깨끗이 씻고 물을 충분히 마셔 눈물이 원활하게 분비되도록 한다.

또한 실내의 습도를 적당히 유지하며, 집 안 청소를 자주 하는 등 생활주변에 방치된 먼지나 토사를 제거하고, 장독대 뚜껑이나 창문은 닫아서 황사의 접근을 막고, 집 주변에 식물을 가꾸는 것이 좋다. 만성 폐질환자의 경우 폐활량이 떨어져 급성 호흡부전증을 앓기도 하며, 심장병환자는 산소공급의 부족으로 발작을 일으킬 위험이 높아지기 때문에, 이러한 환자들은 특히 황사에 대비하는 것이 필요하다. 또한 면역력이 떨어지는 아이들은 봄에 유행하는 환절기 바이러스인 볼거리나 풍진, 홍역 예방접종을 하는 것이 바람직하다.

황사문제 해결을 위한 국제적 노력

황사문제는 단순히 한 국가 내에서 발생하는 환경문제가 아니라 중국과 몽골, 그리고 남·북한 및 일본 등 동북아지역의 여러 국가에 걸쳐 발생하는 국제적 환경문제이다. 이에 따라, 황사문제를 해결하기 위한 국제협력 노력은 지난 1990년대 초부터 제기되었다. 그러나 그동안 각국의 환경에 대한 관심과 경제성장을 둘러싼 이해관계가 서로 달랐기 때문에 실질적으로 협력체계가 구축되지 못했다. 특히 중국은 황사현상으로 인한 최대 피해국은 자국이며 인접국에 대한 영향은 미미하다고 주장해왔다.

그러나 이러한 황사현상이 점점 더 심각해짐에 따라, 황사문제를 해결하기 위하여 지난 2001년부터 한·중·일 3국이 공동사업을 본격 추진하기로 합의를 했다. 2001년 4월 일본에서 열린 제3차 3개국 환경장관회의에서 '중국 서부 생태복원 50개년 사업'의 일환으로 제안된 황사방지사업에 한·중·일 3국이 적극 협력키로 했다. 황사현상으로 인해 매년 봄철에 피해를 보고 있는 이들 3개국이 구체적인 황사방지사업을 마련하여 공동추진키로 합의한 것은 처음이다. 사업비용은 기본적으로 중국이 부담하고, 한국과 일본은 기술이전 및 전문가 교육 등을 지원하는 것으로 되어 있다.

황사방지사업으로 3국은 우선 향후 3년간 190만 달러(약 25억 6,000만 원)를 투자하여, 원격탐사를 통한 생태 모니터링 사업, 전문가 교육·훈련 등 능력배양사업, 황사발생체계 분석 및 제어방안 연구 등을 실시키로 했다. 시범사업지역으로는 사막화가 급속히 진행되고 있는 타클라마칸 사막과 고비 사막 주변 등 내몽골지역과 황하 상류지역이 선정됐다. 이 지역에는 과거 이민족들의 침략을 막기 위해 만든 만리장성처럼 황사를 막기 위한 '녹색의 만리장성'이

형성될 예정이다.

한국은 이 회의에서 황사문제 공동연구를 위해 공무원과 민간 전문가 등이 참여하는 가칭 '동북아 황사방지 실무그룹'의 결성을 제안하여, 중국과 일본 양국의 긍정적인 반응을 이끌어냈다. 또한 우리 나라는 3국 협력사업과는 별도로 한국국제협력단(KOICA) 자금을 투입, 7월부터 중국 서부지역에 500만 달러(약 67억 원) 규모의 조림사업을 지원할 예정이다. 이러한 국제적 노력이 결실을 맺기에는 매우 오랜 기간이 소요되겠지만, 지금부터라도 구체적이고 적극적인 협력을 통해 문제해결을 위한 실질적 정책을 수행해나가야 할 것이다.

(2002. 3. 19.)

참고문헌

김학성 외. 2001, 「1997~2000년에 발생된 황사에 관한 연구」, ≪한국기상학회지≫, 37(4).

원동욱. 2001, 「중국 황사 문제와 동북아 환경 협력의 과제」, ≪환경과 생명≫, 제28호.

이종현. 2002, "황사, 이렇게 대처해야 한다", ≪함께 사는 길≫, 5월호.

이형모. 2002, 「황사와 사막화」, ≪철학과 현실≫, 제55권.

전영신. 2000, 「조선왕조실록에 나타난 황사현상」, ≪한국기상학회지≫, 36(2).

조경두. 2001, 「동북아시아의 황사문제」, ≪환경과 공해≫, 제43호.

봄맞이로 추천할 담장허물기 운동

봄은 마른 개나리 울타리에 노란 꽃을 피우면서 동네를 찾아 들어온다. 싸리나무나 사철나무로 된 생울타리가 아니라고 할지라도, 흙이나 돌로 만들어진 담장들도 봄을 맞으면서 새롭게 단장된다. 담장 아래 봉선화 씨앗을 뿌리거나, 담장 너머로 가지를 뻗은 나무에 새순이 돋는 것을 볼 수 있다. 옛 선조들의 전통마을이나 오늘날에도 시골마을의 담장은 집 안과 집 밖을 구분하는 경계선이지만, 현대 도시에서처럼 폐쇄된 공간을 만들기 위한 인위적 장벽은 아니었다. 우리 나라의 전통가옥이 자연을 거스르지 않고, 자연과 인간이 더불어 사는 융화된 공간을 만들어냈듯, 그 집을 감싸안는 담장 역시 함께 조화를 이루는 어울림의 미학을 간직하고 있었다.

뿐만 아니라 전통 마을에서 낮은 담장을 끼고 동네를 한 바퀴 돌면, 그곳 사람들이 어떻게 살고 있는가를 다 알 정도였다. 담장 너머로 흘끗 보기만 해도, 그 집 찬장에 숟가락이 몇 개인지 알 정도로 속내를 알게 되고, 옆집 잔치떡이 보자기에 담겨 울타리를 넘어 건네지곤 했다. 마실 나갈 형편이 안 되는 아낙들은 사립담이나 흙

담을 사이에 두고, 자신의 고단한 신세를 이야기하며 서로 위안하면서 살았다. 담장은 감정의 흐름을 틀어막는 갇힌 공간을 만드는 것이 아니라, 이를 매개로 서로의 인정이 오고 가는 접촉선 역할을 했다. 이런 까닭에 이웃사촌이 먼 친척보다 낫다는 덕담이 생겼을 것이다.

그러나 오늘날 담장은 전혀 다른 역할을 하고 있다. 담장은 자신의 소유토지를 나타내는 경계일 뿐만 아니라 다른 사람들의 침입이나 간섭을 받지 않기 위해 쳐진 장벽이 되었다. 백과사전에 있는 담의 정의만 하더라도 그렇다. "집과 집의 경계를 표시하고 통행을 금지하며 도난을 방지하기 위한 설치물. 간단한 구조로 된 것을 울타리라 하고 튼튼하게 된 것을 담 또는 담장이라고 한다." 이러한 개념에서 담장은 더 이상 의사소통과 인간적 친밀성의 매개물이 아니라, 오히려 심각한 장애물이 되고 있다. 담장이 가지는 접촉기능은 소멸하고, 오직 분리기능만 남게 되었다. 특히 도시의 높고 튼튼하게 만들어진 담장들은 사람들을 매우 갑갑하게 하고, 살기 각박한 도시를 더욱 삭막하게 만든다. 이제 봄맞이는 이런 담장을 허무는 운동에서부터 시작되어야 할 것이다.

대구에서 시작된 담장허물기 운동

대구에서 담장허물기 운동이 시작되어, 이제는 전국적으로 확산되고 있다. 이 운동이 특히 대구에서 시작된 이유는 내륙분지로서 대구의 자연환경이 그다지 좋지 않고, 또한 도시를 흐르는 금호강과 낙동강이 생활하수와 공장폐수로 심각하게 오염되었으며, 특히 낙동강 페놀 오염사건을 겪으면서 지역 주민들의 환경의식이 크게 고무되었기 때문이라고 할 수 있을 것이다. 그러나 보다 직접적인 계기는 이 운동을 시민운동으로 발전시킨 활동가들의 치열한 노력에서 찾아야 할 것이다.

대구 YMCA 시민사업국장을 맡고 있었던 활동가 김경민 씨가 바로 그 주인공이다. 그는 대학을 졸업한 후 시민운동에 실무자로 참여하여, 현재 20년 가까이 대구의 시민운동을 실천적으로 끌어나가고 있다. 그가 바로 이 담장허물기 운동을 시민운동으로 승화시킨 사람이다. 한 인터뷰에서 그는 조금이라도 더 높이, 더 견고하게 담장을 세우려는 요즘, 왜 담을 허물어버렸는가 하는 물음에 대해 이렇게 답했다.

"별다른 이유는 없었어요. 저희가 맞벌이 부부인데 아내가 귀가할 때마다 어둡고 무섭다고 하고, 정원도 좀더 넓게 쓸 요량으로 허물었죠. 담 쌓는 데는 몇 날 며칠 걸렸겠지만, 허무는 데에는 10분도 안 걸리데요. 포크레인으로 몇 번 툭툭 치니까 순식간에 넘어가 버리더라구요."

사실 물리적으로 담장을 허무는 데는 몇 십 분밖에 안 걸릴 것을, 우리는 지난 세월 동안 담장을 점점 더 높게, 점점 더 견고하게 쌓는 데 노력과 재정을 쏟아왔다. 그러나 김경민 씨에 의하면 이렇게 담장을 허물고 나니 햇빛도 잘 들어오고 체감공간도 1.5배는 넓어졌다고 한다. 마당에 소나무 두 그루를 옮겨심고, 항아리를 개조해 대형 스피커를 만들어 골목에 설치하였다. 작은 바위와 그루터기를 마련하여 누구든 앉아서 쉬어갈 수 있도록 했다. 이렇게 되자 골목도 훨씬 넓어졌고 동네 아이들의 놀이터가 되었다. 아파트 집 안방에서 컴퓨터를 하거나 기껏해야 오락실이나 게임방에서 노는 아이들에게 안전하고 즐겁게 뛰놀 수 있는 놀이공간이 마련된 셈이다.

김경민 씨의 이러한 담장허물기 노력은 자신의 집에만 한정된

담장을 허문 김경민 씨의 집: 정원을 함께 공유하고, 좁은 골목길을 더 넓게 쓸 수
있게 되었다.

것이 아니라 주변 주택가로 확산되었다. 담장을 허물 준비가 안 된
이웃에게는 대신 멋진 벽화를 그려준다. '우리 동네'라는 제목의
어린이들 작품을 비롯하여, 병뚜껑과 맥주병 등을 재활용한 추상화
작품, 그리고 신석기 몽골 암각화를 본뜬 벽화도 눈길을 끌고 있다.
김경민 씨는 또한 담당공무원들을 설득하여 이웃에 비어 있던 삼덕
초등학교 교장 관사의 담을 허물고 마당을 개조하여 작은 미술관을
만들고, 정원은 아이들의 흙장난터로 만들었다. 그리고 봄맞이로
동네 어른들을 모시고 마을잔치를 한번 흥겹게 해볼 생각을 가지고
있다.

담장을 허물고 소공원을 조성한 대구 서구청: 관공서로서 서구청에서 처음 시작된 담장허물기 운동은 그 이후 개인주택, 학교, 종교시설, 병원 등으로 확산되었다.

담장을 허문 경북대학 병원: 담장을 허물고 녹지공간을 조성함으로써 개방과 안정된 분위기를 준다.

담장허물기 운동의 제도화

이러한 담장허물기 운동은 개인적 차원에서 나아가 제도적 차원에서 뒷받침되면서 대구 시내뿐만 아니라 전국적으로 점차 확산되고 있다. 사실 담장허물기의 주요 사례로, 1996년 초 대구 서구청이 시로부터 사업비를 받아 구청 담장을 허물고 가로공원을 조성하면서 시작되었고, 1997년 대구 시내 중심부에 유료공원이던 경상감영공원의 담장을 허물고 개방형 공원으로 조성한 사례로 이어졌다. 1998년에는 앞서 언급한 김경민 씨가 자신의 집 담장을 허물어뜨림으로써 시민운동으로 정착하는 결정적 계기를 마련하였다. 이어 1999년 대구사랑운동 실무위원회에서 담장허물기 운동을 대구사랑운동의 기획과제로 채택하여 민관협력의 시민운동으로 전개하였다.

이 사업을 본격적으로 시행하기 위하여, 대구사랑운동본부는 대구시의 지원을 받아 담장허물기 운동에 동참하도록 여러 가지 인센티브를 제공하고 있다. 예로, 주요 도로변에 위치하고 소공원으로의 조성효과가 기대되는 공공건물의 경우는 시예산에서 지원하고 있으며, 주택·교회 등 소규모 민간건물의 경우 시비 300만 원을 지원하고 있다. 또한 담장허물기 후에 발생하는 철거 쓰레기의 무상매립 및 조경 무료설계를 시행하고, 조경자문, 조경업체 원가시공, 인도 및 주변 도로 환경정비 등을 지원하고 있다. 또한 담장허물기 모범시민 및 담장 미설치 신축건물에 대한 담장허물기 대상제 등을 실시하고 있다.

추진 주체별로 보면, 행정기관의 경우 2002년까지 모든 기관의 담장을 허물고 가로공원을 조성하고, 신축 기관 및 공원은 담장안하기 운동을 전개하고 있다. 병·의원 및 종교시설, 학교, 국가투자

<표 1> 담장허물기 참여시설 현황(2001년 12월 현재)

구 분	참여건물	담장길이	녹지면적
계(176)		9,214m	128,124㎡
가정주택 (29개)	김경민, 남창수, 서호경, 이정자, 김장덕, 김영화, 이진호, 박성원, 최종석, 김관수, 김상길, 이석호, 도윤도, 노영식, 최길점, 동인 APT, 교육청관사, 김재옥, 이영만, 황보규태, 배복진, 지산 APT, 마을국악원, 한강우, 권삼집, 박준열, 송석천, 최성희, 장춘근	752m	2,459㎡
학교 (14개)	경북대 치의대, 제일고, 화원초등학교, 영희유치원, 명지유치원, 운현유치원, 애림어린이집, 천내어린이집, 천내종합학원, 대구공대, 성심어린이집, 보명어린이집, 영선초등학교, 보명어린이집	905m	2,502㎡
종교시설 (13개)	성지교회, 제일감리교회, 강동제일교회, 성산교회, 경운교회, 고성3가교회, 범어교회, 수성천주교회, 한샘교회, 중앙감리교회, 시민성결교회, 동교회, 은평교회	508m	1,092㎡
병·의원 (6개)	경북대병원, 동산의료원, 파티마병원, 대구의료원, 명성한의원, 경산대 한방병원	952m	2,211㎡
업소 (20개)	예식장, 공장, 식당, 카센터, 롯데제과	640m	1,386㎡
행정기관 (83개)	읍면동사무소 64개, 중구청, 동구청, 서구청, 남구청, 수성구청, 달서구청, 서부경찰서, 상수도사업소, 가창파출소, 화원파출소, 대구교도소, 체육시설관리소, 평현파출소, 원평파출소, 두류정수장, 동대구세무서, 남대구세무서, 원대파출소, 송현2동파출소	3,004m	29,526㎡
공원 (4개)	경상감영공원, 국채보상운동기념공원, 본리공원, 어린이공원(회관)	1,400m	68,356㎡
유관기관 (4개)	한국은행대구지점, 대구 MBC, 대구공항, 담배인삼공사	1,220m	20,031㎡
기타 (3개)	사회복지시설 대성원, 천내마을회관, 우방사옥	93m	561㎡

자료: http://wssd.kei.re.kr/sdkorea/101.asp

담장허물기로 개방하여 접근이 용이해진 공공기관: 주요 도로변에 위치한 공공건물의 담장허물기는 작은 공원을 조성한 효과를 가져다준다.

기관 등 공공기관 단체의 경우는, 소요예산을 자체적으로 확보하되 시민이용도가 크게 기대될 경우는 도시녹화예산을 부분적으로 지원하는 것으로 되어 있다. 또한 일반 시민들의 경우, 매년 30개소를 목표로 소요예산 및 후원단체를 확보하여 지원하며, 시청 자치행정과 내에 담장허물기 상담센터를 설치하여 참여신청 및 각종 상담을 실시하고 있다. 그 외에도 시내 중심부인 대구 중구 삼덕동 및 수성구 황금동 일대를 담장허물기 시범지역으로 선정하여 적극 지원하며, 타자치단체 및 시민들을 대상으로 담장허물기 현장 버스 투어를 연중 실시하고 있다.

담장허물기 운동의 추진성과

이러한 담장허물기 운동은 아직 시작단계라고 할 수 있지만, 나름대로 그 성과를 한번 검토해볼 수 있다. 이 운동은 정부기관에서

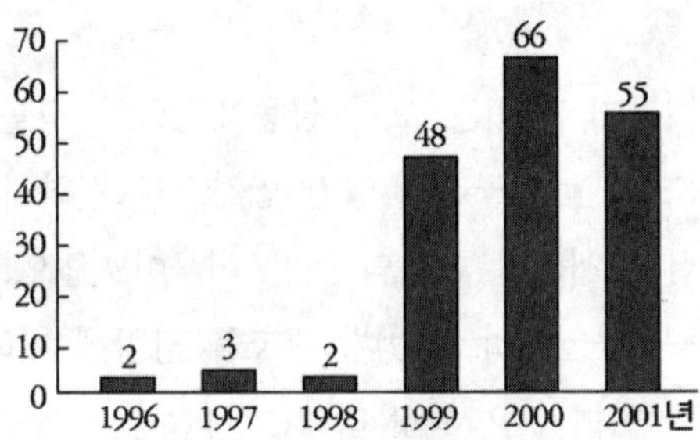

<그림 1> 담장허물기 운동의 연도별 참여추이

첫 사례를 찾아볼 수 있고, 민관협력의 시민운동으로 확산된 것은 1999년 이후라고 할 수 있다. 특히 공공기관 및 단체들의 참여 분위기가 확산되었을 뿐만 아니라 일반 시민들의 관심이 크게 고양되면서, 2001년 말까지 총 176개소 9,230m의 담장을 허물고 12만 8,000여 m^{2}의 가로공원을 조성하였다.

운동의 추진 과정을 살펴보면, 시행 첫해인 1996년부터 1998년까지는 주로 행정기관 및 공원을 중심으로 시행되었고, 1999년부터 경찰관서, 학교, 병원 등의 공공기관 및 종교시설, 그리고 가정주택과 업소 등 각 유형으로 확산되었다. 참여지역도 시행 초기에는 시내 중심부인 중구와 서구를 중심으로 추진되었으나, 1999년 이후에는 시내 전역으로 확산·파급되고 있다.

이러한 담장허물기 운동은 여러 가지 성과를 가져다주었다. 첫째, 이 운동은 환경친화적 공간을 확보할 수 있도록 한다. 삭막하고 비좁은 도시 골목이 담장허물기 운동을 통해 활기 있고 탁 트인 공간으로 변모하였고, 큰 길가의 경우도 시민들이 쉽게 접근할 수 있는 가로공원이 조성되었다. 나아가 신축건물의 경우 담장을 설치하지 않는 분위기가 조성됨에 따라, 도시의 경관이 아름다워질 뿐만 아니라 자원절약과 함께 환경친화적인 도시로 발전할 수 있는 계기를 마련했다.

둘째, 담장허물기 운동은 도시 공동체문화의 장을 마련해준다. 이 운동은 단순히 닫힌 공간을 열린 공간으로 변화시킬 뿐만 아니라 다양한 만남과 서로간 마음의 벽을 허물어뜨림으로써 공동체적 시민의식의 함양에 기여하고 있다. 구조물 담장에 비해 조경수목이나 자연석으로 구성된 개방형 울타리는 사람들 사이에 훨씬 친근감을 느끼도록 한다. 또한 담장이 헐린 골목길에는 어린이 놀이공간이 확보되고, 가로공원을 이용하여 주민들의 쉼터와 대화의 장이 마련됨으로써 도시의 공동체적 마을문화 생성을 위한 산실로서 역할을 하게 되었다.

셋째, 담장허물기 운동을 통해 시민들의 참여가 고무되고 민관협력체계가 구축되었다. 시민들은 담장허물기 운동을 통해 개인소유에 대한 의식을 탈피하고, 직접 시민사회에 참여할 수 있는 계기를 마련하였다. 또한 이 운동에는 개인 가정뿐만 아니라 행정기관 및 공공기관, 기타 업소 등도 참여할 수 있으며, 공공기관은 이때까지의 딱딱한 이미지를 버리고 시민들에게 자연스럽게 다가갈 수 있게 되었다. 또한 운동의 추진 과정에서 민관협력체계를 통한 지원방안이 모색됨에 따라, 새로운 시민운동의 유형이 구축되었다.

넷째, 담장허물기 운동은 도시녹지의 조성 등 부수적 효과를 가져다주고 있다. 담장허물기 운동을 통해 가로공원이 확보됨에 따라 도시 곳곳에 소규모 녹지공간이 조성되었다. 이러한 녹지공간의 조성은 도시숲가꾸기 운동과 더불어 여름철 더위를 퇴치하는 데 효과가 있는 것으로 조사되었다. 도시녹지는 낮에는 기온을 낮추고 밤에는 열손실 속도를 늦추어 일교차를 완화시킨다. 또한 한 그루의 큰 나무가 하루에 물 200리터를 증산시킴으로써, 대형 에어컨이 하루 20시간 동안 작동한 냉방효과를 가져다준다고 한다.

담장허물기 운동의 전망

물론 이러한 담장허물기 운동에 문제가 없는 것은 아니다. 일부에서는 이 운동을 '또다른 예산낭비'라고 문제점을 제기한다. 공공기관뿐만 아니라 개인의 담장을 허무는 비용을 지방자치단체에서 부담하는 것은 전시행정으로 예산의 낭비라는 지적이다. 다른 한편으로, 담장허물기 운동에 대해 아직 적극적으로 참여하지 않는 일반 시민들의 경우, 담장이 사라지면서 방범이나 치안에 대한 불안감을 느낀다는 문제가 있다. 이 점에 대해서는 치안담당기관에서 범죄예방에 만전을 기함으로써 여건을 개선해나가야 할 것이다.

앞으로 이러한 점들에 유의하여 담장허물기 운동의 문제점을 최소로 줄이면서 그 성과를 확대시켜나가야 할 것이다. 오늘날 대부분의 사람들은 도시에서 살고 있지만, 도시는 점차 사람이 살아갈 장소로서의 조건을 상실해가고 있다. 도시에서의 모듬살이가 점점 더 각박해지고, 남을 이기지 않으면 자신이 뒤지는 경쟁사회에서 사람들은 저마다 가슴속에 돌담장보다 더 높은 장벽을 치고 살아가기 십상이다. 이런 때일수록 서로 마음의 벽을 허물고 서로를 아껴주고 안아주려는 노력이 더 절실해진다.

새봄을 맞아 건물들 사이의 담장을 허물고, 나무를 심어 녹지공간을 만들고 서로 마주보고 앉아 이야기를 나눌 수 있는 공간을 마련해보자. 병원이나 대학교, 공공기관의 건물들에서 담장이 사라지면, 그 공간은 서로 연결되고 체감적으로 더 큰 공간으로 이용될 수 있을 것이다. 담장허물기 운동을 통해 물리적으로 접근성이 용이한 개방공간을 확보할 뿐만 아니라, 이웃간에 친밀감과 공공기관에 대한 접근성을 증대시켜주는 공동체생활을 확대시켜나가자.

(추가)

참고문헌

김경민. 1999, "나의 조그마한 실험: 골목가꾸기", ≪문화도시 문화복지≫,
　　제66호.
김범석. 2000, "담장허물기 운동의 주역 김경민", ≪느티나무≫, 4월호,
　　http://www.lg.co.kr/h_lg/tree/200004/index.html.
김수봉·권의숙. 2000, 「담장허물기 운동에 따른 시민의 인식에 관한 연구」,
　　≪지방연구≫, 통권 3, 4호.
손상락·이시화. 2001, 「삶터자치의 마을만들기 실천전략에 관한 연구 —
　　대구시의 담장허물기 운동」, ≪지역사회개발연구≫, 26(1).
지속가능발전 위원회. 2002, 담장허물기 운동, http://wssd.kei.re.kr/sdkorea/
　　101.asp.

사월

누구를 위한 골프장 건설인가?

푸른 초원으로 뒤덮인 넓은 들판은 사람들에게 탁 트인 기분을 가지도록 한다. 홍분된 기분으로 마구 뛰어가고 싶거나, 그렇지 않으면 가만히 앉거나 드러누워 멀리 흐르는 강이나 높은 하늘을 쳐다보고 싶은 심정을 유발한다. 들판에 앉아서 쳐다보는 강물이나 뛰노는 토끼나 사슴을 볼 수 있다면, 들판에 누워 하늘의 뭉게구름이나 파닥이며 힘차게 날아가는 새를 쳐다볼 수 있다면, 이만큼 즐겁고 한가로운 일은 없을 것이다. 이 넓은 들판에서 여러 사람들이 모여 즐거운 놀이를 할 수 있다면, 아마 더욱 좋을 것이다.

골프를 즐기는 사람들은 이렇게 즐거운 놀이가 바로 골프라고 주장할 것이다. 골프의 기원은 스코틀랜드 지방의 양치기들이 무료함을 달래기 위해 양털을 뭉쳐 지팡이로 치는 놀이에서 유래되었다고 한다. 또는 스코틀랜드의 동부 어촌에서 어부들이 만선의 기쁨을 안고 선착장에 도착한 후 긴 해안가 들판에서 즐기던 경기에서 유래되었다는 설도 있다. 심지어 골프장은 인류 조상의 고향인 아프리카 사바나 평원을 모델로 하고 있다는 설도 있다. 골프장의 넓

'잔디로 덮인 사막'으로 비유되는 골프장: 푸른 초원으로 뒤덮인 넓은 들판처럼 보이지만 기존의 녹지를 파괴하고 지렁이조차 살 수 없도록 인공적으로 조성·관리되고 있다.

은 잔디밭과 탁 트인 전망이 '호모 사피엔스'의 탄생 무대인 아프리카 사바나 평원과 비슷하여, 인간의 뇌에 강한 쾌감신호를 발생시킨다는 것이다.

그러나 오늘날 골프장은 그다지 자연적이거나 낭만적이지 않다. 골프장을 조성하기 위하여 기존의 녹지가 파괴되고, 그 자리에 인공적으로 조성된 잔디밭은 지렁이조차 살 수 없을 정도로 황폐화되어 있다. 다양한 식생들이 자라야 할 산록에 단일식생으로 잔디를 조성하여 골프장을 만듦으로써 생물학적 다양성을 파괴한다는 점에서, 골프장은 '잔디로 덮인 사막'이라고까지 비유된다. 골프장의 환경문제는 나아가 물 고갈과 독성물질에 의한 토양·수질·공기 등의 오염을 포함하며, 이로 인해 골퍼와 캐디, 골프장 관리인부, 그리고 주변지역 주민들의 건강문제를 유발하기도 한다. 대체 누구를 위한 골프장 건설인가?

대구시의 골프장 건설 타당성에 대한 주장들

　최근 대구시는 골프장 건설계획에 집요하게 매달리고 있다. 홈페이지에 공개된 대구시의 입장에 의하면, 소득수준이 높아지고 박세리와 같은 골프스타들이 등장하면서 골프 이용객수가 급속히 늘어나고 있지만, 대구에는 변변한 골프장이 없다는 것이다. 이로 인해 타지역 골프장을 이용하기 위하여 유출되는 지역자금이 연간 최소 450억 원에 이를 정도이며, 관광이나 각종 국제행사에 참여하기 위해 대구를 찾는 사람들의 골프 수요를 감당할 수 없기 때문에 지역발전이 제대로 되지 않는다는 주장이다.

　나아가 골프는 이제 더 이상 사치스러운 놀이가 아니라 대중적 운동이며, 특히 지역발전을 위한 주요한 도시 인프라라는 것이다. 즉 대구시는 "외국인 투자가 및 바이어, 외래 관광객 유치를 위한 주요 도시기반시설"로서 골프장이 필수적이라고 주장하고 있다. 이 주장은 우리 나라의 다른 지역이나 일본의 경우와 비교함으로써 타당성을 얻는 듯이 보인다. 즉 대구시보다 인구수가 적은 나고야(208만 명)나 히로시마(109만 명) 시의 경우 역내에 6개의 골프장이 있으며, 수도권에 인접한 용인시의 경우 24개의 골프장이 있다는 점을 강조한다.

　뿐만 아니라 대구시는 이러한 골프장의 건설이 그 자체로서도 시재정과 지역경제에 크게 도움이 된다고 주장한다. 즉 골프장(18홀 기준) 1개소의 건설로, 건립연도에는 취득세·등록세 등으로 100~200억 원의 수입이 있으며, 그 이후 매년 종합토지세 등으로 10억 원의 세수가 발생하고, 직·간접으로 500명의 고용창출효과가 있다는 것이다. 뿐만 아니라 다른 지역에서 골프 이용객을 유치함으로써, 이들의 소비지출로 지역민들의 수입이 증대할 것으로 추정

대구시가 건설하려고 했던 골프장 예정지(대구시 달성군 초곡리): 비슬산 자락으로 경사가 급할 뿐만 아니라 '암괴류' 등 주요 지형물들이 발달되어 있다.

한다.

이와 같이 역내 골프장의 건설은 골프 이용객의 불편해소, 지역자금의 역외유출 방지, 국내외 골프투어 유치, 재정기반 확충 및 도시 인프라 구축 등 많은 긍정적 효과를 가지기 때문에 '대승적' 차원에서 접근해야 한다고 강변된다. 즉 골프장은 이제 더 이상 사치스러운 운동시설이 아니며, 따라서 시민들의 위화감을 부추기지도 않는다는 것이다. 물론 골프장 건설로 인하여 자연환경의 파괴와 오염의 문제가 발생할 수 있지만, 이는 '환경친화적' 골프장 건설로 해소될 수 있다고 주장한다.

대구시의 주장에 따르면, 최근 골프장 입지기준이 매우 엄격하기 때문에 부지선정에 있어서 환경훼손의 가능성이 최소화되며, 환경영향평가를 철저히 하기 때문에 골프장 건설로 인한 환경훼손은 최

대한 억제된다는 것이다. 뿐만 아니라 농약잔류량 검사를 철저히 하기 때문에 골프장 오염이 크게 문제가 되지 않는다고 한다. 이를 뒷받침하기 위하여 환경부의 조사자료, 즉 골프장 단위면적(ha)당 농약사용량은 4.71kg으로서, 농경지 농약사용량인 13.6kg의 34.6%에 불과하다는 자료를 제시하고 있다.

대구시가 제시한 이러한 주장들은 타당성이 있는 것처럼 보이지만, 실제 꼼꼼히 살펴보면 거의 대부분 문제가 있거나 논리적으로 모순을 안고 있다. 이를 몇 가지 측면, 즉 골프가 대중적 스포츠라는 주장, 골프장이 지역경제 발전에 기여한다는 주장, 그리고 환경 친화적인 골프장이 가능하다는 주장 등이 안고 있는 문제점을 통해 살펴보자. 물론 우리는 이러한 문제점들을 안고 있는 골프장 건설에 반대하는 대신 대안적인 토지이용 방안과 경제투자 부문을 모색할 수 있어야 할 것이다.

골프가 대중적 스포츠라는 주장의 문제점

대구시에 의하면 골프는 이미 대부분의 시민들이 즐길 수 있는 스포츠가 되었으며, 따라서 골프장의 건설이 시급하다는 주장이다. 그러나 아직 우리 나라에서 골프는 국민의 5% 정도만이 즐길 수 있는 사치성 놀이라고 할 수 있다. 이러한 점은 골프장 이용객수로 확인해볼 수 있다.

대구시는 골프 대중화의 지표로서 골프장 연간 이용객수가 1998년 816만여 명에서 2000년 1,176만여 명으로 증가했다고 주장하지만, 실제 이 수치는 연인원을 계산한 것이기 때문에 1인당 연평균 5회 이용할 경우 실제 골프 인구는 200만 명 정도이고, 이는 전체 국민의 5%도 되지 않는 수치이다. 마찬가지로 대구지역의 골프

<표 1> 지역별 골프장수 및 이용객 현황

구분	2001년				2002년			
	골프장수	내장객수	연평균	비율	골프장수	내장객수	연평균	비율
경 기 도	67	5,784,833	86,341	56,4%	66	5,616,333	85,096	57.5%
강 원 도	7	425,918	60,845	4.2%	6	382,226	63,704	3.9%
충 청 도	12	979,178	81,598	9.5%	12	936,290	78,024	9.6%
경상남도	11	1,318,425	119,857	12.8%	11	1,215,150	110,468	12.4%
경상북도	6	629,999	105,000	6.1%	6	600,466	100,078	6.2%
전라남도	4	405,288	101,322	3.9%	4	364,247	91,062	3.7%
전라북도	2	204,681	102,265	2.0%	2	173,372	86,686	1.8%
제 주 도	8	514,117	64,265	5.0%	7	472,684	67,526	4.8%
합계	117	10,262,439	87,713	100.0%	114	9,760,768	85,621	100.0%

자료: 한국골프장사업협회(http://www.kgba.co.kr/course/inform1.html)

장 이용객수는 40만 명이고 역내 골프장 부족으로 연간 30만 명이 타지역 골프장을 이용한다고 주장하지만, 위와 같은 비율로 추정해 보면 실제 대구지역 이용객수는 10만 명이 안 되는 것으로 추정된다.

뿐만 아니라 <표 1>에서 알 수 있는 바와 같이 이러한 수치조차 감소추세이다. 즉 연간 골프장 이용객수는 2000년 1,176만여 명에서 2001년에는 1,026만여 명, 2002년에는 976만여 명으로 감소했다는 점이다. 물론 대구를 포함한 경상북도의 골프장수는 6개소로 1개소당 연평균 이용객수가 10만 명 정도이지만, 2001년의 경우 이는 수도권과 강원도 및 제주도를 제외하고는 다른 지역과 비슷한 수치이다.

이와 같이 골프장 이용객수가 제한적인 것은 사실 골프를 치기 위해 소요되는 경비가 일반인들이 부담하기에는 상당히 비싸기 때문이다. 잘 알려져 있지만, 골프 회원권은 평균 5,000만 원 정도(최소 2,000만 원에서 최고 2억 원 정도까지 다양함)의 고가로, 서민들의 주택가격과 맞먹을 정도이다. 또한 골프를 치기 위하여 기본적으로 골프채만 해도 최소 200만 원 이상이며, 기타 고가의 골프화, 골프복, 골프공 등이 소모되고, 골프장 1회 이용비용은 최소 15만 원이 소요된다. 뿐만 아니라 골프를 치기 위해서는 1회 평균 4시간 정도가 소요되므로, 여가시간을 많이 가진 일부 계층만이 즐길 수 있는 놀이라고 할 수 있다.

환경친화적으로 바뀌고 있다는 주장의 문제점

골프장이 대중화되기 어려운 좀더 근본적인 이유는 환경문제와 관련된다. 사실 규모와 이용형태의 측면에서도 골프장은 특히 국토가 협소한 우리 나라에서는 대중화되기 어려운 놀이이다. 2000년 말 현재 우리 나라에서 운영중인 골프장수는 총 151개소(회원용 112개소, 대중용 39개소)로 합계면적은 약 $150km^2$에 달한다. 그리고 건설중 및 미착공 골프장 면적을 합하면 $200km^2$를 상회하여 전국토의 0.2%에 달한다. 개별 골프장으로 보면, 보통 18홀 규모의 골프장 1개소의 면적은 최소 30만 평을 차지하지만, 이렇게 넓은 토지를 동시에 이용할 수 있는 인원은 150명에 불과하다. 18홀 골프장의 면적은 실제 대중화된 잔디축구장(3,000평) 100개, 또는 게이트볼장(1,000평) 300개를 건설할 수 있는 면적이다.

대구시는 골프장이 2,000개소에 달하는 일본의 예를 들어 우리 나라에도 골프장을 더욱더 많이 지어야 한다고 주장하지만 국토이용의 비율을 비교해보면, 일본은 전 국토의 0.04%만을 골프장이 차지하고 있지만, 우리 나라는 골프장 개수는 적다고 하더라도 일본의 경우보다 훨씬 대규모로 건설되어 있기 때문에, 이미 면적비율은 일본보다 훨씬 높은 0.2%나 된다. 또한 대구시는 수도권, 특히 용인군과 비교하여 골프장이 부족하다는 점을 강조하지만, 이는

대구시의 골프장 건설계획에 대한 시민단체들의 반대운동: 대구시가 추진했던 골프장 건설계획은 시민단체들의 치열한 반대운동으로 건설업체가 달성군 초곡리에 골프장 건설을 포기함으로써 일단 백지화되었다.

용인군의 골프장수가 극히 비정상적으로 많다는 사실을 간과한 것이다.

골프장이 대중화되어서는 안 되는 더욱 중요한 이유는 자연파괴와 오염 때문이다. 골프장의 환경문제는 이미 잘 알려져 있으며, 이 점은 대구시도 일부 인정하고 있다. 그럼에도 골프장을 '환경친화적으로' 건설·유지하겠다고 하지만, 아무리 잘 관리를 한다고 할지라도 골프장을 환경친화적이라고 주장하기는 어렵다. 골프장을 건설하는 과정에서 농지와 산림이 대규모로 훼손되고, 이로 인해 사면의 노출된 토양이 유실되고 생태계가 파괴된다(<표 2> 참조).

또한 골프장의 유지 과정에서도 많은 농약이 살포되고, 생태계가 교란되며, 수자원 고갈이 초래된다. 대구시는 환경부 자료를 인용하여 골프장의 농약사용량이 농경지에 비해 훨씬 적다고 주장하지

<표 2> 골프장 건설 및 유지 과정에서 발생하는 환경문제의 주요 유형들

구분	유형	세부 내용
건설 과정	농지·산림 훼손	· 형태변경 과정에서 농지와 산림지 훼손(18홀 최소 30만 평)
	토양유실	· 잔디 피복으로 토양유실(잔디의 보수력은 산림에 비해 1/4) · 하절기 집중호우로 대형 산사태, 홍수로 토양유실, 골프장 아래 주민들의 인명·가옥피해 예상
	생태계 파괴	· 농지 및 산림 훼손, 자연경관 파괴, 각종 동식물의 서식지 파괴
	기타	· 문화유적지 훼손 가능성
유지 과정	농약 살포	· 고독성·맹독성 농약 살포(강우 뒤에는 독성을 두 배로 함) · 잔류 농약이 수질오염, 토양오염 유발
	생태계 교란	· 미생물에 의한 자연 정화기능 상실 · 먹이사슬 파괴: 농약 살포→지렁이 멸종→두더지 멸종→고차 소비자(포유류 등) 소멸 · 대기정화 능력 약화(이산화탄소 흡수속도 1/5 감소)
	수자원 고갈	· 가뭄시 잔디 보호용 용수(18홀 기준 하루 600~800 톤) 사용, 골프장 아래 주민들의 용수 고갈, 또한 유지수 부족으로 계곡 하천 오염 증대
	기타	· 외국산 잔디 이식으로 기후풍토 등에 적응 곤란

<표 3> 농경지와 골프장의 단위당 농약사용량 추정

(kg/ha)

구분	1992	1993	1994	1995	1996	1997	1998	1999	2000	2001
농경지	11.8	11.4	11.9	11.8	11.5	11.8	10.4	12.2	12.4	13.5
논벼	7.2	5.3	5.0	4.6	4.8	6.2	6.4	6.8	5.9	6.2
골프장	11.0	11.0	14.9	11.3	11.3	10.7	11.5	12.9	13.2	-

자료: 농경지 - 농림부, 농림업 주요 통계 http://www.maf.go.kr/html/pds/pds01_06.htm
　　　골프장 - 환경부 토양보전과 http://www.me.go.kr 일부 보완

만 실제 그렇게 적지 않을 뿐만 아니라(<표 3> 참조), 골프장은 건설 과정에서부터 농경지와는 달리 환경파괴를 전제로 하고 있으며,

또한 비교되는 농경지 가운데 논벼의 경우 골프장보다 오히려 반 이하로 농약을 적게 사용하고 있다. 골프장의 경우, 잔디 조성을 위하여 토양 자체를 깊이 40~50cm 정도 완전히 대체할 뿐만 아니라 화학비료·살충제·살균제·제초제 등은 모두 자연적 생태계의 대체물을 인공적으로 조성하기 위해 도입된 것이다. 이렇게 조성된 토양-잔디의 외래 시스템은 기존 생태계를 파괴하고 나아가 지역의 물과 토양을 심각하게 오염시킨다.

지역사회 발전에 기여한다는 주장의 문제점

대구시는 역내 골프장의 건설이 여러 가지 이유로 지역의 경제성장과 사회발전에 기여할 것이라고 주장한다. 이러한 주장이 가지는 문제점에 대해서 살펴보자. 우선 살펴볼 점은 대구시가 역내 골프장의 부족으로 연간 약 450억 원(역외 골프장 이용객 30만 명×15만 원)의 지역 부가 외부로 유출된다는 주장이다. 반면 골프장을 건설하면, 첫해에는 100~200억 원의 세수가 발생하고 그 이후에도 매년 10억 원의 세금을 확보할 수 있다는 것이다. 이러한 이유에서 골프장을 건설한다면, 골프장 건설회사가 대부분 역외 기업체들인 점을 감안할 때 골프장 건설 과정에서 발생하는 이윤이나 골프장 건설 후 회원권의 판매로 얻게 되는 엄청난 수입금은 역외로 유출되는 것이 아닌가?

골프장 건설과 그 이후에 발생하는 세수증대효과는 대구시의 총 조세수입액(연간 약 1조 3,000억 원)과 비교하면 별로 의미가 없다. 뿐만 아니라 대구시는 골프장을 건설할 경우 건설예정지역의 기존 농지나 산지에서 얻게 되는 수입에 대해서는 완전히 무시하고 있다. 연인원 30만 명의 골프 이용객을 유치하기 위해 필요한 18홀 골프장 세 곳을 건설하기 위해서는 약 100만 평의 토지가 필요하다. 만약 이곳에 2,000가구가 농업 및 기타 업종에 종사한다면 (1999년 농가평균 소득 2,360만 원), 그 생산액은 472억 원에 달하므로 역외 유출되는 것으로 추정된 금액을 초과한다.

물론 대구시는 골프장 건설로 약 500명의 고용창출 효과가 직·간접적으로 발생한다고 주장하지만, 골프장의 고용구조는 캐디 300명, 사무직 50명, 경비잡역직 20~30명, 그 외 잔디조성업, 골프용품 수입 및 판매업 종사자 등이다. 특히 골프 경기보조원인 캐디의 경우, 미혼의 20대 여성이 대부분이고 임시직으로 고용된다. 이들은 무거운 골프 가방을 들고 잔류 농약에 직접 노출된 채 6km 이상을 걸어야 하며, 수입은 골프 경기자들의 봉사료(가방 1개 3~5만 원, 2개 5~6만 원)에 거의 전적으로 의존하며, 퇴직금·보험 및 연금 혜택을 거의 받지 못하는 실정이다.

뿐만 아니라 골프장 건설을 위한 비용(18홀 규모 골프장 1개 건설비용은 500~600억 원)은 다른 스포츠를 위한 시설비용에 비해서 훨씬 많이 소요될 뿐만 아니라, 이 건설비용을 다른 생산설비에 투자할 경우 훨씬 적은 면적으로 더 많은 고용효과를 가져올 수 있다. 예를 들어, 30만 평 규모의 토지에 골프장을 건설하면 위에서 언급한 바와 같이 370명 정도(이 가운데 일용잡급직 30명 정도만 현지인으로 고용가능)의 직접 고용효과를 가져오지만, 1만 평 규모의 토지에 음료수 공장을 건설할 경우 600~700명(대부분 현지인 고용가능)의 고용효과를 가져올 것으로 추정된다.

이러한 점들과 관련하여, 대구시의 골프장 건설이 지역경제의 활성화에 크게 기여하지 못할 것이라는 점은 대구 시민들의 설문조사에서도 잘 나타나 있다. <표 4>에서 나타난 바와 같이, 대구 시민들은 80% 이상이 대구시의 골프장 건설추진에 반대하고 있으며,

<표 4> 골프장 건설에 관한 시민 설문조사

구분	대구시의 골프장 건설 추진에 대한 견해			골프장 건설이 대구시에 미치는 영향			골프에 대한 견해		
	찬성	반대	상관 없음	지역경제 활성화	환경파괴, 위화감	잘 모르 겠음	자제 해야 함	대중화 해야 함	잘 모르 겠음
응답자수	87	465	27	88	464	27	347	197	35
구성비(%)	15.0	80.3	4.7	15.2	80.1	4.7	59.9	34.0	6.0

주: 설문시행기관: 대구 MBC, 조사기간: 1999.8.31.~1999.9.7., 총참가자수: 579명

지역경제 활성화에 기여하기보다는 환경파괴와 지역사회의 위화감을 조성할 것으로 본다. 또한 앞으로도 골프를 대중화하기보다는 자제해야 한다고 생각하는 시민들이 훨씬 많음을 알 수 있다.

골프장 관련 정책의 한계

위에서 직·간접적으로 논의한 바와 같이, 골프장의 건설을 전제로 한 골프산업은 다음과 같은 특징을 가지는 것으로 평가된다. 즉 골프산업은 ① 매우 넓은 토지를 사용하는 토지소모성 산업, ② 환경파괴 및 오염의 정도가 매우 심한 반환경적 산업, ③ 전후방 연계효과가 거의 없는 저연계효과산업, ④ 고용창출효과가 크지 않은 저고용창출산업, ⑤ 골프용품의 수입 의존율이 높은 수입의존형 산업, ⑥ 이윤이 지역 내에 재투자되기 어려운 역외유출형 산업, ⑦ 한정된 계층만의 이용으로 사회적 위화감을 조장하는 비대중적 산업, ⑧ 산업성장의 효과가 지역 주민들에게 재분배되기 어려운 비복지형 산업이다.

골프산업이 이와 같은 복합적인 문제를 가지고 있음에도 불구하고, 그동안 우리 나라에서 골프장 인허가는 황금알을 낳는 거위처럼 엄청난 부를 보장하는 특혜로 간주되어왔다. 사실 골프산업은

가야산 국립공원 내 골프장 건설계획에 대한 반대운동: 1990년 건설부가 골프장 기본설계 승인을 한 이후 10여 년 간의 해인사 스님, 주민, 그리고 시민단체들의 반대운동과 법정공방 끝에 2003년 1월 대법원은 개발업자의 패소판결을 확정지었다.

그 자체로서 어떤 부가가치를 창출하기보다는 결국 골프장 건설에 따른 토지개발과 엄청난 프레미엄이 붙는 회원권의 판매를 통해 편법으로 부를 축적하는 수단이었다. 이로 인해 역대 정권에서는 골프장 인허가를 둘러싸고 부정과 비리가 자행되었고, 인허가권이 지방자치단체장에게 이전된 이후에는 지방세수를 명분으로 인허가를 남발하고 관련 규제를 계속 완화해온 것이다(<표 5> 참조).

물론 골프장 건설과 관련된 환경훼손을 막기 위하여 골프장 건설시 사전환경성 평가를 받아야 하며, 건설단계에서 환경영향평가를 받아야 하고, 또한 공사중에도 지방환경관리청의 감독을 받도록 되어 있다. 그러나 그동안 골프장 입지 및 건설에 따른 규제가 크게 완화되어왔을 뿐만 아니라, 이러한 환경영향평가를 포함하여 정부의 행정규제는 매우 허술하게 적용되고 있을 뿐이다. 이로 인해

<표 5> 골프장 건설을 둘러싼 법제도의 변화(1988~2001년)

연도	관련 법규 및 제도의 주요 내용
1988.6.	골프장 사업 승인권자 변경: 교통부장관에서 시·도지사로 변경됨
1988.9.	농지 보전 및 이용에 관한 법률: 골프장 건설을 위한 농지전용 허가 가능
1989.3.	체육시설의 설치 및 이용에 관한 법률: 토지소모성 운동으로 특권층의 사치성 휴양오락시설에서 대중체육시설로 전환. 국민체육진흥기금 지원 또는 융자 가능
1990.3.	체육부 고시: 시·군의 산림 가운데 허가면적을 2%에서 5%로 확대함. 경사도 36도 이상의 임야 제한 규정 삭제
1992.5.	신설 골프장에 대한 각종 규제 완화
1997.	체육시설 설치 및 이용에 관한 법률 시행령 및 시행규칙 개정: 골프장 등 체육시설 부지 안에 호텔·콘도미니엄 등 숙박시설 설치 가능. 클럽하우스 건축 연면적 제한 폐지
1998.	골프 금족령 해제와 골프 접대 급증(부킹 대란 현상)
1999.10.	대통령 골프 대중화 발언: 골프용품 및 입장료에 부과되는 특별소비세와 골프장 건설에 따른 취득세·종토세 등 지방세 폐지 또는 감면 등 검토
2000.7.	개발제한구역의 지정 및 관리에 관한 특별조치법 시행령: 그린벨트 내에 골프장 건설이 허용됨
2000.	지자체·민자유치를 통한 골프장 추진: 지역경제 활성화, 세수확충 명분으로 일부 지자체 골프장 건설추진(6개 시군 추진, 15개 시군 추진 계획)
2001.2.	준도시지역 시설용지지구 개발계획 수립: 준도시지역의 50% 이상이 산림법상 보전임지이거나 임목축률이 소속 시군 평균의 150% 이상일 경우 체육시설 입지 불가, 경사 30도 이상 또는 표고 300m 이상 지역 토지형질변경 금지, 개발지구 면적 1~3km^2 제한

골프장 건설예정지 또는 기존 골프장 주변에서 피해를 입고 있는 주민들뿐만 아니라 시민환경단체들도 한결같이 골프장 건설에 대해서 반대하고 있다. 그러므로 이제라도 행정규제를 강화하여 기존의 골프장 관리를 더욱 철저히 함으로써 더 이상 환경파괴·오염과 주변 주민들에게 피해가 없도록 해야 할 것이다.

(추가)

참고문헌

김은숙. 2001, 「골프장 건설, 무엇이 문제인가」, 환경운동연합 시민대학
    강의자료.
남상민. 1995, "환경파괴의 첨병, 증가하는 골프장", ≪월간 환경운동≫,
    6월호.
대구환경운동연합. 2001, 「대구시골프장 예정지 민간공동조사 활동」(보고
    서), ≪대구환경운동 10년≫.
환경부. 2001, 2000 골프장 농약사용실태 조사결과(보도자료).
환경운동연합. 2001, 우리 나라 골프장 건설현황과 문제점(자료).

지구의 날, 환경의 시대에 살펴본 시민환경운동

사람들은 어떤 특정한 날을 기념하거나 또는 중요한 일을 독려하기 위하여 기념일을 정한다. 주요한 기념일이라고 하면 제헌절이나 광복절과 같이 정치적인 의미를 가진 날들로 인식하지만, 그 외에도 크고 작은 의미가 부여된 날들이 많이 있다. 물론 국가적인 차원에서 정해진 기념일 외에도, 가정에서 생일이나 기일, 결혼기념일 등도 중요한 의의를 가지는 날들이다. 이와 같이 기념일은 최소한 이날만은 그 의의에 맞는 마음가짐과 행동을 하자는 취지에서 제정된 것이다.

최근 들어 환경문제가 심각해지고 환경의식이 강조됨에 따라, 환경과 관련된 기념일들이 많이 정해지고 있다. 4월 22일은 지구의 날이며, 6월 5일은 환경의 날이다. 이날들은 포괄적으로 위기에 처한 지구환경을 생각하고 환경의식을 고양하고 실천하는 날로 정해졌다. 또한 특정한 자연환경에 대한 보존을 강조하기 위해 정한 기념일로서, 2월 2일 세계 습지의 날, 3월 22일 세계 물의 날, 5월 31일 바다의 날, 6월 17일 사막화 방지의 날, 9월 16일 오존층 보호의 날, 12월 29일 생물종다양성 보존의 날 등이 있다.

뿐만 아니라 특정한 환경사고가 발생한 날을 잊지 않기 위하여 정해진 환경 관련 날들도 있다. 예로, 3월 16일 대구 페놀 오염사건의 날, 3월 28일 드리마일 핵발전소 사고의 날, 4월 26일 체르노빌 핵참사의 날, 8월 9일 히로시마 원폭 투하일 등이다. 그리고 환경과 건강을 해치는 활동을 중단하도록 하기 위하여, 4월 29일 노골프데이(no golf day), 10월 16일 화학조미료 안 먹는 날 등이 정해져 있다. 이러한 날들에 특정한 의미가 부여된 것은 물론 관련된 어떤 활동이나 사건이 있었기 때문이다.

4월에 있는 환경 관련 날들

4월에 있는 주요 환경 관련 기념일들에 대해 좀더 상세히 살펴보자. 환경과 관련하여 그동안 우리 나라에서 지켜온 주요한 기념일은 4월 5일 식목일이다. 이날은 산림녹화와 국토미화를 목적으로 산림청이 주관하여 범국민적으로 나무를 심고 가꾸는 날이다. 식목일은 상당히 오래된 기념일이지만, 우리 나라에만 있는 것은 아니다. 1872년 4월 19일에 미국에서 제1회 식목행사가 행해졌고, 이 행사가 미국 각 주 및 전 세계의 각국으로 확산되어 식목행사를 벌여오고 있다.

4월 22일은 지구의 날이다. 1969년 4월 22일 미국 캘리포니아주 산타바바라에서 발생한 대규모 해상 기름유출사고를 계기로 1970년 4월 22일 미국의 한 상원의원(게이로 넬슨)이 이날을 지구의 날로 정하자고 주창하고, 당시 하버드대 학생들이 발벗고 나서 첫 행사를 열었다. 그 후 전 세계 환경 NGO들의 환경기념일로 확산되었고, 우리 나라에서는 1990년 환경운동연합의 전신인 공해추

차 없는 거리: 시민들이 지구의 날 행사로 이루어진 차 없는 거리에서 해방감을 만끽하고 있다.

방운동연합이 남산 껴안기 행사를 통해 국내에서는 처음으로 지구의 날 행사를 가졌다.

4월 26일은 체르노빌 핵참사의 날이다. 1986년 이날에 핵발전 사상 최악의 사태가 구소련에서 발생했다. 당시 소련 당국은 약 5만 명이 방사능에 과다노출되었으며, 약 20만 명이 평생 방사선 질병과 관련된 정기검진을 받아야 할 것이라고 밝혔다. 이 사고로 입은 직접적인 경제손실만도 약 32억 달러에 달했으며, 사후대책비를 포함하면 100억 달러가 넘는 비용이 지출되었다. 체르노빌 사고 이후 핵발전소의 위험성이 외국에까지 영향을 미칠 수 있다는 사실을 인식하게 되었고, 이를 계기로 핵발전소 반대운동이 더욱 활발해졌다.

또한 4월 29일은 골프 없는 날로, 골프장 및 대중관광의 문제에 대한 국제연대운동의 일환으로 정해졌다. 이날은 1992년 11월 태국 푸켓에서 열린 21세기를 위한 민중의 행동, 제3세계관광포럼에서 제안되었는데, 1993년부터 많은 나라들이 이날을 '노골프데이'로 지정하고 다양한 행사를 개최하고 있다. 특히 이날은 1991년 5월 일본 골프장 및 휴양지 반대 네트워크와 아시아·태평양정보센터가 조사팀을 구성하여 관련 현장을 조사하고 자료를 확보하는 작업을 진행시켜 다음해 4월 세계골프장반대국제운동을 구성함으로써 이루어졌다.

이러한 날들은 위기에 처한 지구환경과 관련하여 모두 세계적인 의의를 가진 날들이며, 우리 나라의 각 지역에서도 다양한 행사들이 이루어지고 있다. 예로, 2001년 지구의 날을 맞아 대구에서는 이날 하루 종일 중앙네거리에서 반월당네거리에 이르는 중앙로 4차선 도로 위에서 각종 행사가 마련되었다. 주요 행사로는 솔라 페스티벌로서 솔라박람회, 솔라놀이 등이 이루어졌고, 차 없는 거리 보행권 행사로서 가족 달리기, 자전거 행진, 군악대 연주와 풍물공연 등이 있었다. 또한 환경문화공연과 환경 패션 퍼포먼스, 그리고 영상사업과 각종 사진 및 그림 전시 등이 개최되었다. 이에 동참하는 많은 시민들은 지구의 날을 함께 즐기면서 환경의 소중함을 직접 체험해보는 기회를 가질 수 있었다.

또한 노골프데이를 맞아 대구지역 환경단체 회원들은 29일 오후 동성로 대구백화점 앞 거리에서 대구시가 추진중인 골프장 건설에 반대하는 시민홍보 캠페인을 펼쳤다. 이날 환경단체 회원들은 관심 있는 시민들과 함께, 대구시가 주장하는 골프 대중화의 허구성과 골프장 건설에 따른 대규모 환경파괴에 대한 우려 등을 알리고, 즉석 스티커 여론조사를 실시하기도 했다. 이러한 시민환경단체들의 활동은 활동가들의 힘든 준비노력의 결과로 이루어지는 것으로, 많은 시민들이 함께 동참함으로써 환경의식을 고양시키고, 지역환경을 지켜나가는 데 지속적으로 기여하게 될 것이다.

환경 관련 기념일에 이루어진 시민환경단체들의 각종 행사: 대구에서 지구의 날 행사의 일환으로 플라스틱 배를 타고 '골프장 반대' 퍼포먼스를 연출했고, '노골프데이'에는 관련 홍보판이 거리에 설치되었다.

21세기 환경의 시대

이와 같이 다양한 환경 관련 날들은 단순히 기념만을 하기 위한 날들이 아니다. 환경위기는 어떤 국지적 현상이 아니라 전 세계적 차원으로 심화되고 있으며, 이 위기를 극복하기 위하여 우리는 의식과 실천의 패러다임 자체를 전환시켜야만 한다. 이러한 점에서, 21세기는 환경의 시대라고 불릴 정도로 생태환경이 새로운 패러다임 또는 실천적 담론의 핵심을 이루고 있다.

사실 지난 40여 년 간 우리 사회를 지배했던 담론의 기본개념은 시장, 개발, 이윤, 자본, 경제성장, 그리고 과학기술 등이었다. 이러한 개념들로 이루어진 논리는 그동안 우리 사회에 상당한 경제적 부를 누적시켰고, 개인의 물질적 생활을 풍요롭게 했다. 또한 이 논리는 객관적 지식을 고도화시키고 효율성을 강화시킬 수 있도록 했다. 지난 400년 동안 서구사회에서, 그리고 지난 40년 정도 우리 사회에서 발달해왔던 이러한 논리는 우리를 기아와 무지로부터 해방시켜주었지만, 그 결과 우리는 새로운 위험과 불확실성에 처하게 되었다.

낙동강 페놀 오염사고에서부터 체르노빌의 핵발전소의 붕괴사고에 이르기까지, 오늘날 우리는 경제성장과 물질적 풍요의 대가로 엄청난 생태적 위험에 직면해 있다. 뿐만 아니라 일상화된 생태적 위험이 고도의 과학기술에도 불구하고(또는 오히려 이러한 과학기술의 발달로 인해) 발생했다는 점에 놀라워하고 있다. 과학기술적 지식이 고도화되면 될수록, 그에 따른 지식의 불확실성은 우리를 더욱 두렵게 한다.

지구의 날 포스터: 2002 지구의 날의 주제, 'Protect our home'은 아름답지만 상처 나기 쉬운 지구를 보호하자는 취지에서 마련되었다.

 21세기에는 이러한 논리에 대한 새로운 대안이 요구되고 있다. 항상적으로 위험이 상존하는 지구환경 속에서 살아남기 위해서라도 우리의 삶의 양식과 우리 사회의 발전을 규정하는 논리가 바뀌어야 할 것이다. 달리 말해, 물질적으로 어느 정도 풍요로운 현재의 삶 속에서 진정한 생명의 가치를 발견하고 환경에 대한 윤리, 특히 사회·환경적 정의를 실현시키기 위한 새로운 패러다임이 필요하게 되었다. 새로운 논리 또는 패러다임은 생태적 규범에서 찾을 수밖에 없을 것이다.

 특히 오늘날 환경정책에까지 영향을 미치고 있는 신자유주의는 마치 시장 메커니즘으로의 복귀를 통해 현대사회의 모든 문제들이 해결될 수 있는 것처럼 강조하지만, 지난 수백 년 간 자본주의의 역사를 통해 시장의 실패는 이미 확인된 것이고, 더 이상 아무런 대안이 될 수 없음이 명백해졌다고 하겠다. 이러한 신자유주의적 논리를 극복할 수 있는 대안적 패러다임이 바로 생태논리라고 할 수 있다.

21세기는 생태적 논리 또는 합리성, 그리고 이에 기초한 생태적 근대화를 위한 새로운 출발점이 되어야 할 것이다. 생태적 합리성은 사회적 타자(사회의 다른 구성원들)뿐만 아니라 자연적 타자(자연의 다른 구성물들)에 대해서도 존재가치를 인정하고, 상호존중함으로써 공생적 발전을 추구한다. 생태적 근대화는 더 이상 사회와 자연을 지배의 대상으로 인식하지 아니하고, 일상생활의 체험과 합의를 통해 이루어진 생태적 지혜로 당면한 문제들을 해결하고 인간과 자연이 조화를 이루는 발전의 전망을 추구해나가는 것이다.

이러한 생태적 각성은 매우 피상적으로 들리겠지만, 분명 실제 우리 생활에 부딪치는 대부분의 문제해결에 적용되고, 우리 사회의 거의 모든 정책결정에도 원용될 수 있다. 21세기의 시민환경단체들은 다양한 운동이념을 가지고 다양한 전략들을 실천해나가야 하지만, 기본적으로 당면한 환경문제들이 그동안 우리 사회를 지배해왔던 이윤(자본)의 논리에 기인하므로, 이러한 논리를 극복하고 생태(생명)의 논리로 나아가야 한다는 점에는 모두 동의할 수 있을 것이다.

이윤논리에서 생태논리로의 전환

이윤논리에서 생태논리로의 전환은 물론 결코 쉬운 일이 아니다. 이 전환은 환경위기 상황 속에서 살아가는 모든 사람들이 함께 나서서 장기적으로 노력할 때만 가능한 것이다. 그러나 아무리 어려운 일이라 할지라도, 이 지구상에 인간이 살아가기 위하여 누군가가 이 어려운 일을 시작해야 한다. 이러한 일에 앞장서겠다고 나선 사람들이 바로 시민환경단체들이라고 할 수 있다. 이러한 점에서 환경 관련 날들을 맞아 시민환경단체들이 어떠한 활동을 해야 할 것인가를 살펴볼 수 있다.

우선 시민환경단체들은 생태의 논리로 단체의 이념을 재정립하고 더욱 공고히 해나갈 필요가 있다. 사실 지난 10년 동안 대부분의 환경단체들은 당면한 환경문제들에 대처하기에 급급했으며, 직관적으로 선택된 대처방안들은 당연한 것으로 인식했다. 그러나 어떠한 대처방안에 앞서 그 방안들이 왜 정당성을 가지게 되는가를 다시 한 번 확인할 필요가 있다. 즉 이때까지 환경운동이 생명이나 공생 등과 같이 당위적으로 주어진 목적을 위해 활동해왔다면, 이제 그 목적과 그것을 뒷받침하는 이념을 좀더 분명하게 명시할 필요가 있다.

이를 위해 시민환경단체들은 지속가능한 발전이나 '환경정의'를 자신의 이념으로 설정할 수 있다. 지속가능한 발전의 개념은 다양하게 해석되고 있으며, 심지어 현재의 상황, 즉 자본주의적 발전을 정당화시키기 위한 이념으로 왜곡되기도 하지만, 현재의 상황을 점진적으로 전환시킬 수 있는 담론적 의의를 가지고 있다. 또한 환경정의의 개념 역시 다양한 철학적 전통과 실천적 맥락에 따라 달리 사용될 수 있지만, 기본적으로 인간과 인간 간, 그리고 인간과 자연 간의 호혜적 평등을 전제로 공생적 발전을 추구한다.

시민환경단체들은 또한 좀더 적극적으로 시민들에게 다가가서 지역 시민들의 생활과 참여에 기초한 활동을 전개해나가야 할 것이다. 그동안 시행했던 다양한 활동들은 대체로 실무활동가 중심으로 이루어졌으며, 시민들의 직접적 참여는 상대적으로 미흡했다. 앞으로 모든 활동들은 원칙적으로 시민들의 합의와 참여를 전제로 해야 하며, 시민들과 함께 실천해나가야 할 것이다.

앞으로 시민환경단체들은 단순히 그 활동을 홍보하고 재정적 자립을 위해 시민들을 대상으로 회원을 확대하는 정도가 아니라, 지역사회의 진정한 민주화를 위한 토대를 마련하고 공동체적 발전을

축제가 된 지구의 날 행사: 환경 관련 행사들은 축제처럼 다양한 집단의 시민들이 참여하게 되었지만, 지속적으로 새로운 환경실천 프로그램의 개발이 필요하다.

추구해나가야 할 것이다. 시민들의 참여는 시민 스스로가 환경문제의 해결주체임을 자각시키고, 문제에 대한 대처방안을 민주적 합의를 통해 결정하고, 이를 공동체적 조직을 통해 해결해나가기 위한 것이다.

 나아가 시민환경단체들은 발생한 문제에 대해 신속하고 적극적으로 대응하는 한편, 보다 장기적 관점에서 시민들과 함께하는 실효성 있는 전략과 프로그램을 개발해나가야 한다. 지역사회에서 발생한 환경사건들에 대한 대응은 사후적인 것이라고 할지라도 즉각적으로 이루어져야 하지만, 이러한 환경사건들이 발생하지 않도록 예방할 수 있는 사전적 활동도 중요한 의미를 가진다. 그동안 다양한 환경사건들의 발생에 따라 이에 반대하는 사후적 활동이 주를 이루었기 때문에, 예방적 활동은 체계화되지 못했다. 앞으로의 활동, 특히 후자의 활동은 보다 장기적인 프로그램에 따라 계획되고 연간 일정에 따라 수행될 수 있도록 해야 할 것이다.

시민환경단체의 운동전략

시민환경단체들은 이러한 과제들을 수행하기 위하여 운동의 전략도 바꾸어나가야 할 것이다. 예로, 환경단체들은 실무를 전담하고 있는 상근활동가들의 전문성고양과 생활안정을 도모하고, 실무역량의 확대를 위해 노력할 필요가 있다. 이를 위해 기획과 자문 등의 역할을 담당하는 운영위원회와 정책위원회나 자문위원회 등의 조직도 강화해야 하겠지만, 실제 역할을 담당하고 있는 상근자들의 전문교육을 강화하여 세부 분야를 구체화하고 그 역량을 함양시키는 것이 실효성이 있을 것이다.

또한 이러한 전문역량의 함양과 더불어 상근활동가들의 개인 및 가족생활의 안정을 도모하기 위한 활동가 지원 프로그램 및 장기적인 기금조성도 중요하다. 나아가 현재와 같이 개인적·비공식적 관계로 활동가들을 확보하는 방식을 지양하고, 상근활동가들의 충원계획이 공식화되어야 한다. 또한 체계적인 직무분석을 통해 다양한 활동들 가운데 자원봉사자들이 담당할 수 있는 활동에 대해서는 이들의 지원을 요청하는 것이 필요하다.

다른 한편, 각 환경운동단체들은 지역 내·외의 관련 단체들뿐만 아니라 다양한 시민운동단체들과의 연대활동을 강화해나가야 한다. 현재 다양한 환경운동단체들이 지역 내·외에 결성되어 활동하고 있다. 각 단체들은 독자적인 이념과 실천전략을 가진다고 할지라도, 기본적으로 생태적 논리에 기초하여 활동을 해나간다는 점에서, 상호 연대활동과 이를 위한 네트워크 조직을 보다 튼튼히 구축해나가

시민들과 함께하는 지구의 날 행사: 이제 지방자치단체의 장과 환경운동단체의 대표
가 자리를 함께하고 많은 시민들이 참여하는 축제로 발전했다.

야 할 것이다. 사실 이러한 연대활동과 조직구축은 상호 정보교류
와 협력을 통해 실천역량을 배가함으로써 추구하는 목적의 실현가
능성을 높일 수 있다. 그리고, 비록 그렇지 못할지라도 상호이해를
통해 단체들간의 경쟁이나 갈등을 조정하는 데 중요하다.

또한 지역 내의 타부문 단체들과의 연대활동도 중요하다. 환경문
제는 속성상 자연환경 그 자체에만 국한되는 것이 아니라 문제가
발생하는 사회적 배경 전반과 관련된다. 따라서 지역의 경제·정치·
사회·문화적 상황들에 대해 민감해야 할 것이며, 또한 이들과 직접
관련된 부문 운동단체들과의 상호 연대활동을 통해 운동의 실효성
을 증대시켜나가야 한다. 특히 이러한 연대활동은 이른바 시민단체
들에 국한될 것이 아니라 지방자치단체나 공공기관들과도 교류와
연대의 폭을 넓혀나가야 할 것이다.

끝으로 환경운동단체들은 제도적 정치에 대한 참여가능성을 신중하게 모색해볼 수 있다. 물론 모든 시민단체들은 사회적 규범과 당위로서 인식되고 있는 순수성과 도덕성을 견지하면서, 추구하는 이념과 목적을 실현시켜나가야 할 것이다. 또한 이러한 전제조건하에서만 시민단체들은 존립의미를 가진다고 할 수 있다. 그러나 오늘날 제도정치는 매우 혼탁하고 심지어 부정과 부패로 얼룩져 있으며, 일반 시민들은 제도정치에 대한 혐오와 무관심 또는 탈정치화로 허탈한 상태라고 할 수 있다.

제도정치란 환경운동, 시민운동, 나아가 전체 시민들의 생활을 외적으로 규정하는 불가피한 조건이다. 이러한 제도정치가 현재와 같은 상태로 방치된다면, 상황은 더욱 악화될 것이다. 시민단체들의 대안적 정치세력화는 이러한 점에서 당위성을 가진다. 물론 현재의 상황에서 제도적 정치에 시민단체들이 참여하고자 하는 노력이 어느 정도 성공할 것이며 또한 실효성을 가질 것인가에 대해서는 보다 폭넓은 논의와 합의가 있어야 할 것이다.

(2001. 4. 17.)

참고문헌

박현철 외. 2001, "특집 — 제31회 지구의 날", ≪함께 사는 길≫, 5월호.
지구의 날 2001 한국위원회. 2001, 지구의 날 2001 '차 없는 거리' 행사 관련 보도요청(보도자료), http://www.earthday.or.kr/press1.html.
최병두. 1999, 『녹색사회를 위한 비평』, 한울.
최화연. 2000, "세계는 2000년 지구의 날을 어떻게 맞이하는가", ≪함께 사는 길≫, 4월호.
한면희. 2001, 「21세기 자연친화 문명과 환경윤리」, 『20세기 딛고 뛰어넘기』(환경운동연합 21세기 위원회 편), 나남.

난개발로 신음하고 있는 울릉도

　최근 들어서 도시 주변의 논밭 한가운데에 우뚝 서 있는 아파트 군들을 흔히 볼 수 있다. 거대한 콘크리트 덩이로 된 고층 아파트들은 주변 경관과는 전혀 어울리지 않기 때문에 왜 그곳에 건설되었는지 의구심을 자아낸다. 건설과정에서 녹지나 농경지를 훼손했을 뿐만 아니라 너른 들판과 멀리 보이는 산들을 가로막고 있기 때문에 주변경관에 대한 조망을 망쳐버린다. 이렇게 해서 건설된 아파트들은 주변에 점차 상가나 도로 등의 건설을 촉진하면서 인근 농경지를 잠식하고, 무분별한 시가지의 확장을 초래한다.

　최근 이러한 도시외곽의 무계획적이고 무분별한 개발의 문제점을 지칭하기 위하여 난개발이라는 용어가 사용되고 있다. 즉 "난개발이란 무계획적인 개발행위로 인해 건축물들이 무질서하게 난립하여 주변경관을 훼손하고 주변의 토지이용 및 시설물 배치 등에 문제를 초래한 상황"이라고 할 수 있다. 이 용어는 주변경관과 조화를 이루지 못하여 조망권을 훼손할 뿐만 아니라 자연을 심각하게 파괴하고 오염시키는 결과를 초래하는 개발행위를 의미하기 위해 사용되고 있다.

수도권 주변에서 흔히 나타나는 이러한 난개발은 녹지공간 및 농업용 토지의 잠식으로 자연환경의 파괴를 초래할 뿐만 아니라 결과적으로 토지이용의 효율성을 저하시킨다. 수도권의 난개발은 주로 이 지역의 준농림지에서 주택건설이나 단지개발과 같이 인구가 급증하는 한편, 가용토지는 부족함으로 인해 발생한다. 특히 난개발은 준농림지의 과도한 개발을 허용하는 허술한 법체계가 문제이기 때문에 관련법의 정비가 필요하다고 주장된다.

최근 들어 이러한 난개발이 국토 전역으로 확산됨에 따라, 단순히 법체계의 문제가 아니라 개발로 인한 총체적 문제상황이 우려되고 있다. 수도권지역에서 발생하는 난개발은 고밀도 주택개발에 의한 인구집중, 교통난 심화, 자연경관 훼손, 공공시설의 부족 등을 주요 문제로 야기한다. 수도권의 경우 이러한 문제들은 인위적 노력 및 대책으로 어느 정도 치유가 가능할지 모르지만, 빼어난 자연경관과 희귀한 야생동식물의 서식지인 자연환경보전지역, 예로 현재 울릉도와 같은 도서지역에서 발생하는 자연경관 및 생태환경의 파괴는 인위적인 치유가 불가능할 정도로 심각하다.

동해에 우뚝 솟은 화산섬, 울릉도

울릉도는 동해 한가운데 해발 984m의 성인봉을 중심으로 우뚝 솟아나 있는 화산섬이다. 포항에서 217km 떨어져 있으며, 주변 부속섬으로는 죽도와 관음도가 있고, 94km 떨어진 거리에 독도가 위치해 있다. 섬의 동서거리는 10km, 남북거리는 9.5km이며, 해안선은 56.5km에 달하고, 전체면적은 72.56km^{2}이다. 섬에는 평지가 거의 없고, 임야가 76.4%를 차지할 정도로 대부분 산악지대로 구

울릉도 태하령의 솔송나무, 섬잣나무 및 너도밤나무 군락지:
천연기념물 제50호로 지정되어 있지만, 최근 난개발로 많이
훼손되었다.

성되어 있다. 연평균 기온은 12.6℃로 비교적 온화하지만, 강수량
이 많고 특히 겨울철에는 눈이 많이 내린다.

울릉도는 백두산 화산맥이 동해로 뻗어 만들어낸 화산섬으로 자
연경관이 뛰어나고, 육지로부터 멀리 떨어져 있기 때문에 한국의
갈라파고스라고 할 정도로 희귀동식물의 보고이다. 560여 종의 식
물과 691종의 곤충류 등 육상 및 해양동식물의 종류가 다양하며,
특히 우리 나라에서 울릉도에 가야만 볼 수 있는 식물이 40여 종
이고, 세계에서 울릉도에만 분포하는 식물도 32종에 달할 정도로
생물지리학적으로 중요하다. 이에 따라 향나무 자생지, 너도밤나무
군락, 섬댕강나무 군락, 성인봉 원시림 등과 사동의 흑비둘기 서식
지, 독도 해조류(바다제비, 섬새, 괭이갈매기 등) 번식지 등은 천연기
념물로 지정되어 있다. 그리고 나리분지의 투막집, 현포의 고분군
등은 도지정문화재이다.

예로부터 우산국(于山國) 등으로 불려온 울릉도는 고분의 출토품
등으로 미루어볼 때 상고시대부터 사람들이 살았을 것으로 추측되

며, 삼국사기에 신라 지증왕 13년(512) 때 이사부가 우산국을 정복했다는 기록이 있다. 조선시대에 와서는 정착주민이 늘어나면서 왜구의 출몰로 치안에 어려움이 있어, 태종 때에 도민을 본토로 이주시키고 공도(空島)정책을 실시했다. 이로 인해 섬의 희귀수목과 연안의 풍부한 수산자원을 탐낸 왜구들이 울릉도에 거주지를 만들고 배를 짓기도 하는 등 해적질을 일삼았다. 숙종 때 안용복이 왜선을 물리치기도 했지만 노략질이 계속되어, 고종 때 공도정책이 철폐되고 개척령이 내려지면서 울릉도는 근대 역사에 다시 편입되었다. 1883년에 첫 개척민 16호 54명의 이주로 새 역사를 시작한 울릉도는 거친 바다와의 싸움, 척박한 토양, 일제의 수탈 등을 이겨내고, 주민이 증가하면서 1948년 지방자치제의 시행에 따라 울릉군으로 개칭하여 오늘에 이르렀다.

포항에서 3시간 남짓 걸리는 쾌속유람선이 다니기 전까지 울릉도는 험난한 뱃길을 거쳐야 하는 머나먼 섬이었다. 그 덕에 울릉도는 최근까지 3무(三無: 도둑, 공해, 뱀), 5다(五多: 향나무, 바람, 미인, 물, 돌)의 섬이라고 불렸다. 울릉도의 인구는 1974년 2만 9,810명에 달한 이후 계속 감소하여 2001년 9월 말 울릉도의 인구는 3,800가구 9,990명으로 1932년 1만 명을 넘어선 지 70년만에 다시 1만 명 이하로 감소하였다. 울릉도는 경지가 부족하기 때문에 주민의 절반 가량이 어업에 종사하고, 뛰어난 자연경관과 생태환경으로 관광산업이 점차 발달하고 있다.

그러나 최근 울릉도는 관광자원의 개발 등을 명분으로 한 무분별한 난개발로 인해 경관 및 동식물자원을 보유한 생태환경을 급격히 훼손시키고 있다. 울릉도뿐만 아니라 많은 지방자치단체들이 지방재정의 확충이나 지역경제 발전을 명분으로 환경을 무시한 채 크고 작은 개발들을 추진해왔다. 특히 울릉도의 난개발은 귀중한 울

릉도의 경관과 생태환경을 파괴하고 있다는 점뿐만 아니라 개발 과
정에서 심각한 부정부패가 개입되어 울릉군수 및 여러 명의 공무원
과 업자들이 구속될 정도로 심각했다는 점에서 여론의 지탄을 받고
있다.

울릉도의 난개발

울릉도 난개발 문제가 직접 여론화된 것은 울릉도 항만개발과
관련된 석산개발 때문이었다. 울릉도 항만개발에 필요한 석재를 현
지 석산에서 충당해왔는데, 이것이 울릉도 난개발의 원인으로 지적
되었다. 특히 이 석산을 개발하여 항만공사를 하는 과정에서, 공무
원들이 뇌물을 받고 주변 석산의 토석을 허가량보다 초과하여 채취
하도록 눈감아준 것이다. 이로 인해 허위공문서를 작성하거나 뇌물
을 주고받은 혐의로 공무원과 업자 등 6명이 모두 징역 1~7년의
유죄를 선고받았다. 그러나 좀더 넓게 보면, 그동안 울릉도에서 자
행된 난개발의 형태는 국토이용의 변경, 일주도로 개설, 항만건설
에 따른 석산개발, 그리고 관광지 지정조성 및 군사시설 설치 등
크게 네 가지 유형으로 구분될 수 있다.

울릉도에서 국토이용 변경을 통한 난개발은 이미 오래전부터 추
진되었다고 할 수 있다. 울릉군은 1989년 울릉도의 상수원의 보호
와 자연환경자원 및 문화재 훼손이 우려된다는 점에서 나리분지 일
대를 산림보전지역과 자연환경보전지역으로 예고하였다. 그러나 같
은 해에 모 관광개발회사가 울릉도 나리분지에 스키장, 골프장, 숙
박시설 등을 건설하고자 하는 관광휴양지역 변경에 대한 울릉도 나
리분지 및 사동지구개발 기본계획을 울릉군에 제출하였다. 이때 울
릉도 전역에 부동산 투기열풍이 있었고, 이와 더불어 이 회사는 나

리분지에 52만여 m²에 달하는 토지를 취득하였다. 그리고 1990년에는 이 회사가 제안한 최소한의 휴양시설만을 유치한다는 계획하에 관광휴양지역으로 변경하였다.

그 이후 이 지역은 1993년 국토이용관리 변경을 통해 준도시지역의 운동 및 휴양지구가 되었다가, 2001년에는 개발가능 범위가 훨씬 높은 시설용지지구로 변경되면서 합법적인 방법으로 대규모 관광시설의 설치가 가능해졌다. 그러나 이 지역에는 성인봉 원시림과 울릉국화, 섬백리향나무 군락, 투막집 등이 위치해 있다. 또한 상류지역에서 유출되는 지표수가 나리분지에서 지하로 유입되어, 그 용출수는 북면 나리수력발전용수로 이용되고 있다. 이는 울릉도 전 주민들이 식수로 이용하고도 남을 정도로 풍부한 양이다. 이와 같이 자연환경보호 및 상수원 보호구역으로 관리되어야 마땅할 지역이 개발의 논리에 밀려 자연환경 훼손의 빌미를 제공하고 있다.

울릉도에서 이루어지고 있는 두번째 유형의 난개발은 울릉도 일주도로의 건설과 관련된다. 이 도로는 1962년 박정희 대통령이 울릉군을 순시하면서 지역 주민들의 요구를 해소하기 위해 추진된 사업이다. 1963년부터 시작하여 2001년까지 약 700억 원을 투입하여 총 공사구간 39.8km 가운데 93%가 개설되었다. 그러나 이 일주도로는 해변을 따라 개설되는 도로이기 때문에, 인위적으로 바다를 메우거나 육지를 깎아내야 하는 사업이다. 또한 이 사업지역은 천연기념물인 향나무, 솔송나무, 섬잣나무, 너도밤나무가 군락을 이루고 있으며, 사업이 진행됨에 따라 군락지가 급격히 훼손되고 있다. 뿐만 아니라 섬 전체가 급경사의 해안절벽으로 이루어져 있기 때문에 도로를 만들기 위한 절토 및 절개는 산사태의 위험이나 자연경관의 파괴를 초래하고 있다. 심지어 울릉군은 일주도로 건설을 위해 해안절벽을 파괴하여 고유식물을 사라지게 했을 뿐만 아니라 절개지 복구공사에 외래식물 씨앗을 마구 뿌려 생태계 파괴에 앞장서기도 했다.

세번째 유형의 난개발은 항만조성과 이에 필요한 석산의 개발이다. 울릉군은 2001년 현재 도동·저동·천부·태화항 등 4개의 항만이 입지해 있는데도, 울릉·현포·남양항 등 3개 항만을 추가로 건설 및 개발계획중이다. 항만개발은 바다의 생태계에 심각한 영향을 미치는데도 불구하고 환경영향평가를 받지 않은 상태에서 시작되었다. 특히 이러한 항만개발이 문제가 되는 것은 20~30m에 달하는 해면(海面)을 인근 지역에서 채취한 석재로 매립했기 때문이다. 특히 석산개발에 있어 환경보전에 대한 구체적 검토 없이 허가되었다는 점이 드러나 관련 공무원이 구속되기도 했다. 이러한 무분별한 석산개발로 채석현장은 마무리가 안 된 상태로 방치되었고, 이곳에 살았던 흑비둘기가 사라져 거의 발견되지 않고 있다.

네번째 유형은 관광지 지정조성과 군대시설로 인한 난개발이다. 울릉도는 빼어난 자연경관을 이용한 관광객의 유치를 위하여 농림지역과 자연환경보전지역을 두 차례에 걸쳐 관광지로 지정하였다. 즉 1987년 도동리의 약수공원, 봉래폭포 등 6개 지구, 그리고 1998년에는 추가로 도동리의 해남 등 4개 지구가 관광지로 지정되어, 호텔·상가·산책로·휴양시설 등이 자유롭게 설치될 수 있게 되었다. 그러나 이 지역들은 개발시 해안절경 등 자연환경이 심각하게 파손되고 접근이 불가능하여 관광지로 부적합한 것으로 판명되었다. 한편 군대시설도 자연환경을 크게 훼손하고 있다. 생태적으로 보호가치가 높은 북면 나리분지와 울릉읍 말잔등 인근에서는 현지 군부대가 사전 환경성 검토 없이 군사시설(총 면적 5만 3,495m^2)을 설치한 것으로 밝혀졌으며, 성인봉을 제외한 울릉도의 대표적인 봉우리들이 군사시설로 인해 훼손되고 있다.

항구 조성에 필요한 매립용 흙을 채취하기 위해 파헤쳐진 석산: 뇌물을 받고 주변 석산의 토석을 허가량보다 초과하여 채취하도록 눈감아준 공무원이 구속되기도 했다.

난개발이냐, 자연환경보전이냐

울릉도의 난개발은 일주도로나 항만의 건설 등과 같이 지역 주민들의 편리한 생활환경과 관광산업 유치를 통한 지역발전을 촉진할 수 있을지 모르지만, 결국 이러한 개발은 자연환경의 파괴를 전제로 한 것이다. 국토이용 변경으로 인하여 희귀식물의 서식지가 감소했으며, 식수원이 오염되고 있다. 또한 해안 주변을 따라 개설되는 일주도로는 향나무·해송·닥나무 등 식물의 군락지를 대거 훼손·잠식시켰다. 항만건설과 석산개발로 인하여 빼어난 자연경관이 파괴되고 해양생태계가 변화하였다. 뿐만 아니라 관광지 지정조성은 희귀식물의 훼손과 식수오염을 가속화시킴으로써, 오히려 관광객의 유치에 역행하고 있다.

울릉도 난개발 문제는 결국 지역성장이냐, 환경보전이냐 하는 문제로 귀착된다고 할 수 있다. 사실 최근 환경과 개발, 개발이냐 보전이냐 하는 문제를 둘러싼 논란이 흔히 벌어지고 있다. 자연환경을 그대로 유지하면서 자연의 아름다움이나 자연이 주는 여러 가지 혜택을 누릴 것인지, 개발을 하여 지방자치단체나 주민들의 소득수준을 높일 것인지에 대한 대립적 견해가 맞서고 있다. 강원도 동강댐 건설계획의 백지화처럼 어느 한쪽을 선택할 것인지, 또는 적절하게 절충하여 문제를 극복할 것인지는 참 어려운 문제라고 할 수 있다. 특히 지방재정이 열악한 자치단체들은 개발과 보전의 문제를 어떻게 조화시켜야 할 것인가 하는 딜레마에 빠져 있다.

그동안 우리 사회는 경제성장우선 정책을 추진하면서, 개발에 거의 전적인 힘을 쏟았다. 이러한 노력의 결과로 경제가 상당히 성장하고, 국민들의 생활수준도 많이 향상되었다고 할 수 있다. 그러나 이러한 성장우선 정책과 무분별한 개발의 결과로 국토환경이 크게 파괴되고 심각하게 오염되었다. 이제 사람들은 경제성장의 혜택보다는 환경문제로 인한 피해를 더 많이 걱정하게 되었다. 뿐만 아니라 현재와 같은 상태로 개발이 계속된다면, 조만간에 더 이상 개발할 땅과 환경이 없어질 것이라는 우려도 있다. 결국 환경 없이는 개발이나 성장 역시 불가능하다.

그럼에도 불구하고, 1995년 지방자치제가 시행된 후 난개발이 오히려 본격화되었다. 지방자치단체의 장들은 지역경제의 성장과 지방재정의 확충을 명분으로 지역 내의 환경을 대대적으로 개발하기 시작했다. 이로 인해, 희귀한 동식물이 서식하는 자연환경보전 지역에서 개발가능한 토지용도로의 국토이용 변경이나, 도로 및 항만과 같은 대규모 사회간접시설의 조성, 그리고 관광지 지정과 개발 등이 촉진되고 있다. 그러나 이러한 난개발은 지역환경을 파괴할 뿐만 아니라 장기적으로 지역경제 발전을 오히려 저해하는 요인이 되고 있다.

따라서 지금이라도 지역의 단기적인 경제성장과 개발에 앞서 환경보전을 우선 생각해보아야 할 것이다. 물론 모든 개발이 난개발이라고 할 수는 없다. 최소한 환경의 파괴와 오염으로 인한 장기적 손실이 개발로 인한 이익보다 클 것으로 추정된다면, 당연히 이러한 개발은 중단되어야 한다. 그렇게 함으로써 앞으로 우리 사회의 발전은 지속가능할 것이다. 이러한 지속가능한 발전을 전제로 울릉도의 난개발에 대한 개선방안을 살펴볼 수 있다.

울릉도 난개발의 개선방안

울릉도의 난개발로 인한 자연환경의 파괴를 중단하고 앞으로 지속가능한 발전을 추진해나가기 위하여 제안될 수 있는 몇 가지 방안들은 다음과 같다. 첫째, 국토이용 변경에 따라 이미 개발된 지역은 더 이상 희귀식물이 훼손되지 않도록 철저히 관리하고, 특히 보전가치가 높은 지역은 다시 자연환경보전지역으로 용도변경을 해야 한다. 또한 이미 개발된 지역의 주변에 서식하는 동식물들에 대해 생태변화를 체계적으로 조사하여 환경변화에 대응할 수 있는 대책을 강구해나가야 할 것이다. 나아가 우수한 자연경관과 독특한 자연생태계를 보전하기 위하여, 울릉도 전체를 빠른 시일 내에 국립공원으로 지정할 필요가 있다.

둘째, 도로 및 항만을 건설할 경우에는 환경영향평가를 철저히 시행하고 이를 엄수하도록 해야 한다. 또한 이러한 사회간접시설을 개발하는 과정에서 생태계의 파괴를 최소화할 수 있도록 노력해야 한다. 예를 들어 일주도로의 경우, 서식하고 있는 동물들의 이동이 차단될 수 있기 때문에 이들의 서식환경을 유지하도록 이동통로를 설치할 필요가 있다. 또한 항만건설을 위하여 인근 석산을 개발할 것이 아니라 육지에서 반입하도록 하여 더 이상 자연경관과 생태환경이 훼손되지 않도록 해야 한다.

셋째, 관광지 지정조성에 대해서는 이미 조성된 지역은 주변 자연경관과 환경오염이 발생하지 않도록 철저히 관리하고, 미조성된 지역은 재검토하여 자연환경보전지역으로 재조정해야 한다. 관광지 지정으로 개발하기보다는 오히려 자연환경의 보호로 관광객들을 장기적으로 더 많이 유치할 수 있다는 점을 인식하여야 한다. 또한 군대시설을 설치할 경우에도 해당 자치단체와 반드시 협의하여 환경파괴를 최소화해야 한다.

넷째, 개발과 관련된 사업주체들과 관련 공무원들의 환경의식을 고양시켜야 한다. 나리분지의 토지이용변화가 부적합한데도 불구하고 이를 편법으로 추진하거나, 석산개발로 적합하지 않은 지역에 불법적으로 이를 허가해주는 행위가 더 이상 발생하지 않아야 할 것이다. 또한 지역 주민들이나 관광객들 역시 울릉도 전역에 산재해 있는 빼어난 자연경관과 희귀한 동식물들을 보호함으로써 지속가능한 발전이 이루어질 수 있음을 재인식하고, 울릉도를 지켜나가야 할 것이다.

(2001. 4. 24.)

참고문헌

서왕진. 2000, 「국토의 난개발문제와 개선방안」, 건설교통부·국토연구원
    주최 공청회 자료.

오남현. 2001,「울릉도 자연환경자원보호구역에서의 난개발 문제점과 개
　　　선방안」,《한국지역지리학회지》, 7(3).
오남현. 2001,「도서지역 난개발의 원인과 대책 — 경상북도 울릉군 도서
　　　지역을 사례로」,《한국행정연구》, 10(4).
이상대. 2000,「국토 난개발의 제도적 개선 방안」,《도시정보》, 222.
황희연. 2000,「국토의 난개발 열풍, 그 실태와 대책」,《환경과 생명》,
　　　제25호.

생물다양성을 감소시키는 귀화생물

모든 동식물들은 그들이 가장 잘 자랄 수 있는 고유한 장소를 가진다. 이러한 장소를 생태학에서는 적소(適所, niche)라고 한다. '생태적 적소'는 동식물과 그 서식지 환경 간의 관계를 나타내는 용어들 가운데 하나이다. 즉 각 동식물들의 종은 독특한 특성을 가지는 유기체로서 이들이 성장하고 번식하기 가장 적절한 환경을 필요로 한다. 생물체들의 진화란 그들 각각의 종이 생존에 가장 적합한 고유의 생태적 적소를 지니는 과정을 의미한다. 약 50억 년 전 지구의 탄생 이후 지구환경이 지속적으로 분화해오면서 생태적 적소가 한층 다양해졌고, 이에 따라 미생물과 곤충, 소동물과 새, 포유류 등 많은 생물들이 진화해왔다.

이러한 생태적 적소라는 개념과 유사한 것이 생물지역(bio-region)이다. 생물지역이란 자연생태계뿐만 아니라 인간의 문화까지 고려한 개념으로 상호작용하는 생명체계들이 가장 잘 유지될 수 있는 장소단위를 지칭한다. 이 용어는 인간과 환경 간의 공생적 관계를 전제로 생태계의 개념을 지리학적으로 표현한 것이라고 할 수 있다. 이 지역은 "생태적이고 문화적인 통일성에 의해 경계를 이루는 지리적인 영역"이지만, 환경결정론적으로 고정된 것은 아니다. 생물지역이란 어떤 자연체계와 인간사회가 상호작용하면서 가장 잘 어우러져 살아갈 수 있는 생태공동체라고 할 수 있다.

현대사회로 오면서, 지구환경의 다양성이 파괴되면서 각종 동식물들이 살아왔던 적소들이 사라지고 있다. 인간에 의한 자연의 파괴와 기술적 변형은 자구환경의 다양성을 훼손하고 인공적으로 획일화함으로써 생태적 적소들이 소멸되면서 생물다양성도 크게 감소하였다. 뿐만 아니라 동식물의 인위적 이동은 해당 지역의 생물종을 다양하게 하는 것처럼 보이지만, 실제 거의 대부분 자연적 적응과 진화와는 무관한 부정적 결과를 초래한다.

외국에서 들여와서 이제는 자연상태로 자라고 있는 귀화생물이나 인공적으로 배양되고 있는 외래생물들이 바로 이러한 경우에 해당한다. 생태적 적소의 개념을 무시한 채 이루어지고 있는 동식물의 인위적인 지리적 이동은 생물 개체들에게 큰 스트레스를 줄 뿐만 아니라 비록 잘 적응한다고 할지라도 해당 지역의 생태계에 이상을 초래함으로서 생물지역을 와해시키는 결과를 초래한다. 얼마 전까지 동네 수족관에서 흔히 볼 수 있었던 청거북이 대표적 사례이다.

생태계를 파괴하는 청거북

요즘 청거북이라고 불리는 붉은귀거북(학명: *Pseudemys scripta* Elegans)이 하천이나 호수에 흔히 나타나고 있다. 대도시 내에 있는 작은 연못이나 습지(예로, 서울의 한강 밤섬이나 대구 시내에 있는 수성못)에만 가보더라도 많은 청거북이 물가를 떠다니거나 주변 언덕에 느리

청거북이라고도 불리는 붉은귀거북: 처음 애완용으로 도입되어 귀화생물이 된 이 거북은 자연생태계를 심각하게 교란시키기 때문에 수족관에서 판매가 금지되어 있다.

게 기어다니는 것을 볼 수 있다. 처음에는 애완용으로 도입하여 귀화생물이 된 이 거북은 이제 우리의 자연생태계를 심각하게 교란시키는 것으로 우려되고 있다.

귀 주위에 길쭉하고 둥그렇게 붉은색 부분이 있어 붉은귀거북이라고 불리는 이 거북은 성장한 후에도 그 특징을 그대로 유지한다. 이들은 미국이 원산지로, 새끼 때는 애완용으로 길러지지만 자라면 더 이상 기르기 어려워 하천이나 호수에 버려진다. 문제는 이렇게 버려진 청거북이 토종 물고기와 수서곤충, 양서류 등을 잡아먹고, 본래 그 자리를 지키고 있던 토착생물인 자라와 남생이의 환경을 차지함으로써 심각한 생태문제를 유발하고 있다는 점이다. 이와 같이 하천이나 호수의 생태계를 점차 장악해나가고 있는 청거북은 황소개구리, 큰입배스 등과 함께 귀화생물로서 생태계 파괴의 주범으로 꼽히고 있다.

청거북은 1980년대 후반부터 애완용과 종교적인 목적으로 수입되기 시작하여 현재 전국의 하천과 호수, 저수지, 도심공원 연못 등에서 서식하면서 개체수를 급속히 확대·확산시켜나가고 있다. 더구나 이와 같이 생태계를 교란할 정도로 증가된 것은 석탄절 등을 통해 손쉽게 구할 수 있는 청거북을 방생하는 불교행사에도 일부 원인이 있다. 이에 따라, 석가탄신일에 즈음하여 불교계가 청거북 방생을 시작하자, 환경부는 "우리 나라 토종 물고기를 마구 잡아먹는 붉은귀거북(청거북) 방생을 자제합시다" 하고 청거북 방생을 최대한 억제하기 위해 대대적인 홍보에 나섰다.

환경부는 이미 불교계의 청거북 방생 자제를 당부하는 내용의 공문을 문화관광부에 보냈으며, 앞으로 신도들을 대상으로 청거북의 위해성을 적극 홍보한다는 계획이다. 나아가 환경부는 청거북의 수입을 줄이기 위해 청거북에 대한 정밀 서식실태조사를 마친 뒤 청거북을 '생태계 위해 외래야생동물'로 공식지정하기로 했다. 생태계 위해 외래야생동물로 지정되면 수입·판매시 정부의 엄격한 통제를 받는다. 불교계에서도 외래종의 무분별한 방생이 오히려 수중생태계를 파괴한다는 점을 염두에 두고, 앞으로 청거북과 물고기 등의 방생행사를 좀더 신중하게 할 것을 검토하고 있다.

귀화생물의 특징과 문제점

이와 같이 애완용이나 기타 목적으로 수입되어 야생상태에서 자라고 있는 청거북은 귀화생물로 분류된다. 즉 귀화생물이란 우리 나라 비토착종으로서 인위적 또는 자연적인 방법으로 우리 나라에 들어와 야생상태에서 스스로 번식하며 생존할 수 있는 종을 말한다. 따라서, 외국에서 들여왔다고 해도 인간의 적극적인 관리가 없으면 야생상태에서 스스로 번식할 수 없는 경우는 귀화생물이라고 하지 않고 외래생물이라고 한다.

귀화생물의 도입경로는 인위적인 경로와 자연적인 경로가 있다. 인위적으로 들여온 생물 가운데에는 식용이나 관상용으로 도입된 황소개구리와 왕우렁이, 선인장 등이 포함되어 있다. 사람의 왕래와 바람, 해류, 철새 등에 의해 자연적으로 들어온 생물들도 많다. 대표적인 귀화식물로는 미국자리공, 돼지풀, 서양등골나무(이상 북미), 달맞이꽃(남미), 코스모스(중미), 서양민들레, 토끼풀(유럽·호주) 등이 있다. 그리고 귀화어류는 블루길(미국), 이스라엘잉어(이스라엘), 큰입배스(일본·대만), 백련어(대만), 무지개송어(일본), 대두어(대만), 떡붕어(일본), 찬넬메기(미국·일본) 등이다.

우리 나라에서 자라고 있는 귀화식물의 종류는 1980년도 조사에 의하면 110종이라고 밝혀진 바 있으며, 그 후 1994년도에 발표된 자료에서는 그 수가 181종으로 늘어났다. 그리고 국립환경연구원에서 1995년도에 문헌조사 및 관련 전문가의 의견을 검토하여 발표한 바에 따르면 그 수는 200종 이상인 것으로 알려져 있다. 귀화식물은 ① 종자를 풍부하게 생산하고, ② 발아조건이 특이하며, ③ 성장과 개화가 빠르고, ④ 확산과 적응영역이 넓다는 등의 특징을 가지고 있다.

귀화어류는 큰입배스 등 20여 종으로 수산청 및 산하 내수면 연구소와 양어장 및 수산회사에서 도입한 것이 대부분이다. 귀화어류는 ① 국내 어떤 수역에도 적응이 가능하며, ② 내성이 커서 교란된 환경에서도 생존·번성하고, ③ 공격적이어서 포식과 경쟁을 통해 우위를 차지하며, ④ 생태 및 행동이 토착종들의 먹이사슬을 파괴하고, ⑤ 높은 확산능력(산란횟수, 번식력)을 갖는 등의 특징이 있다.

귀화생물이 우리 생태계에 미치는 영향에는 물론 긍정적인 측면

유럽이 원산지인 토끼풀: 우리들에게 아주 친숙하지만 '클로버'라는 이름에서 알 수 있듯이 외국에서 수입된 귀화식물이다.

강한 생명력과 번식력을 가진 민들레: 서양민들레는 토종 민들레와 비슷하게 생겼지만, 총포조각(꽃받침 역할을 하는 작은 잎들)이 아래로 늘어져 있다.

'향어'로 더 잘 알려진 이스라엘 잉어: 독일에서 잉어를 개량한 품종으로 이스라엘로 이식된 후 우리 나라에도 도입되어 한때 횟감으로 많이 양식되었지만, 간디스토마에 대한 우려로 최근에는 거의 사라졌다.

도 있겠지만, 대체로 부정적인 영향이 더 강하다(<표 1> 참조). 즉 귀화생물은 특정한 목적, 즉 식용·약용·관상용 등으로 이용되거나 황무지나 절개지·공터 등에 인공적으로 토양과 지형을 안정화시킬 목적에 기여하고, 나아가 오랜 기간이 흐르면서 그 지역의 생물다양성을 증진시킨다는 주장도 있다. 그러나 귀화생물은 토착종의 서식공간을 차지하고 먹이 경쟁을 벌이며, 심지어 토착종을 잡아먹기도 한다. 이에 따라 귀화생물은 고유한 생물지역에 형성된 생태계를 파괴 또는 훼손시키고 생물다양성을 감소시키는 결과를 초래한다.

이와 같은 귀화생물의 부정적 영향을 막기 위한 대책으로서 공통적으로 적용될 수 있는 방안으로, 첫째, 무분별한 외국생물 도입의 억제, 둘째, 도입하기 전 국내 생태계에 대한 영향연구 및 지속적인 모니터링의 필요, 셋째, 외래생물에 의한 조경·방생·식용·애

<표 1> 귀화생물의 영향

부정적 영향	긍정적 영향
· 다른 종과 서식공간 및 먹이에 대한 경쟁 · 우리 나라 고유종을 먹이로 이용 · 다른 생물의 서식지를 파괴 또는 훼손	· 식용·약용·관상용 등 경제적 이익 · 황무지, 절개지, 공터 등의 토양과 지형 안정화 · 오래전에 귀화한 종은 생물다양성 증진

완용 등 활용의 자제 등이 제시될 수 있다. 예로, 우리 나라에서 청거북이나 황소개구리와 맞먹는 사고뭉치인 블루길과 배스가 일본에 도입될 때 얼마나 신중했는가를 알아볼 필요가 있다. 즉 이들을 도입할 때 일본 정부는 이 물고기들을 일단 30년 이상 별도로 기르면서 본토에 적응시킨 후 양식했다고 한다.

토종생물과 생물다양성의 보전

귀화생물에 대한 통제와 철저한 관리, 그리고 토종생물에 대한 우선적인 보호는 어떤 생물의 종이 그 자체로서 더 큰 가치를 가지고 있다고 평가되기 때문이 아니라, 생태계와 생물다양성의 보전을 목적으로 하기 때문이다. 즉 일반적으로 자연생태계의 관리는 자원의 증식보다 생태계와 생물다양성의 보전이 우선적으로 주요하다는 인식에 기초해야 한다.

사실, 생물다양성의 감소가 세계적으로 큰 문제가 되고 있다. 생물다양성 감소란 동식물의 서식지 파괴, 산성비, 오존층 파괴, 환경호르몬 등의 환경문제로 인해 지구상의 생물종이 점차 감소하는 현상을 말한다. 지구상에는 약 3,000만 종에서 1억 종의 생물이 서식하는 것으로 추정되는데, 그 중에서 약 170만 종이 알려져 있다. 과학자들은 50년 이내에 지구상 생물종의 약 1/4이 소멸될 것으로

황소개구리 퇴치운동: 고유 생태계를 보호하기 위해 외래종의 퇴치운동이 전개되고 있지만, 이러한 운동 이전에 외래종의 도입에 보다 신중을 기해야 할 것이다.

예측하고 있다. 이는 이 지구상에서 매년 2만 5,000~5만 종, 그리고 하루에 70~140종의 생물이 멸종하고 있다는 이야기이다.

생물종다양성이 감소하는 가장 큰 원인은 인간활동의 증가에 있다. 이윤을 목적으로 목재, 야생동식물, 농산물 등을 과잉소비하는 성향이나 산림과 바다에서의 과도한 채취활동은 종 보유량을 고갈시키거나, 생물종을 무분별하게 제거하여 다양성을 감소시킨다. 생물종에 대한 또다른 위협은 유해 화학물질의 생산이 늘어나 폐수나 폐기물을 통해 대기·강·호수·해양 등으로 방출된다는 점이다.

생물의 다양성 보존이 중요한 것은 생태계에서 한 가지만 손실되어도 먹이사슬로 연결된 수많은 다른 종의 소멸로 이어져 생태계 전체의 불안정이나 붕괴를 초래할 수 있기 때문이다. 지구상의 현존 동식물은 모두 35억 년에 걸친 진화를 통해 획득된 지혜를 갖고 있다. 특히 생태계가 다양한 종들로 구성되어 있을수록 손상된 부분을 치유할 수 있는 자체 조절능력은 높아진다.

1999년에 환경부는 늦게나마 국가 생물다양성 보존을 위해 희귀 자생생물 201종을 '국외반출 승인대상 생물자원'으로 지정한 바 있다. 이렇게 지정된 토종생물에는 쉬리·각시붕어·점몰개·어름치·꾸구리·돌상어·금강모치·열목어 등 어류와 가시연꽃·줄석송·나도고사리·물고사리·설악눈주목·눈향나무·너도밤나무·금강초롱꽃 등이 포함되어 있다.

쉬리·금강모치·각시붕어 등 특산 민물고기는 몸에 주황과 파랑 등 색띠가 있어 관상용 가치가 높은데도 불구하고 그동안 거의 무시되었다. 가시연꽃 또한 전 세계적으로 1속 1종밖에 없는 희귀종이고 발아율이 4%밖에 안 되어 증식이 어려움에도 불구하고 자생지를 보존하지 않아 멸종위기에 처해 있다. 이 밖에도 크고 번식력 좋은 귀화생물로 인해 소멸되고 있는 자생동식물의 보존을 소홀히 해왔다. 또한 그동안 약재나 관상용으로 이용가치가 높은 토종 상당수가 무분별하게 해외로 유출되었다.

현재 세계 각국은 토종동식물의 해외유출을 막는 한편 재래종자의 저장과 재생을 위해 노력하고 있다. 유전자조작을 통해 만들어진 신품종들은 전통적으로 재배되던 다양한 농작물을 대체하고 있다. 그러나, 토착종들이 그 지역의 해충과 질병에 대해 내성을 갖고 있는 데 반해 신품종과 외래생물은 그렇지 못해 자칫 생태계 전체를 파괴할지도 모른다는 우려도 제기되고 있다. 이제라도 생물종의 다양성 보호를 위하여 우리 모두는 이 땅에서 살고 자라는 토종동식물의 소중함을 재인식하고, 풀 한 포기라도 아끼고 가꾸는 풍토를 확산시켜나가야 할 것이다.

(2001. 5. 1.)

참고문헌

고강석 외. 1995, 1996, 「귀화생물에 의한 생태계 영향 조사(I) 및 (II) — 귀화식물 분야」, ≪국립환경연구원보≫, 제17권 및 제18권.

공동수 외. 1995, 1996, 「귀화생물에 의한 생태계 영향 조사(II) — 귀화어류 분야」, ≪국립환경연구원보≫, 제17권 및 제18권.

김종원. 2001, 「생물다양성이란 무엇인가?」, 환경부 개설 자연생태교육강좌 2 자료.

문순홍. 1999, 「시간, 공간, 그리고 생물지역론」, 『생태학의 담론』(문순홍 편저), 솔.

박수현. 2000, 「한국 귀화식물의 현황」, ≪자생식물≫, 제51호.

임양재 외. 2000, 『한국의 귀화식물』, 사이언스북스.

수돗물 바이러스 검출과 하천 생태관리

물은 인간을 포함한 모든 동식물의 생존에 필수적인 요소이다. 우리 인체는 70~80%가 물로 구성되어 있다. 이 가운데 1~2%만 잃어도 심한 갈증과 고통을 느끼고, 5% 정도를 잃으면 반혼수상태에 빠지며, 12%의 물을 잃으면 죽는다. 사람은 음식을 먹지 않고도 90일간 생존을 할 수 있지만, 물을 마시지 않으면 신진대사가 원활히 이루어지지 않아 1주일도 채 되지 않아 사망한다고 한다. 다른 동식물들의 경우도 다소간의 차이는 있겠지만, 물은 곧 생명의 일부라고 할 정도로 중요하다.

인간은 이러한 물을 다양한 목적으로 사용하고 있다. 자신의 생명을 유지하기 위하여 식수로 사용할 뿐만 아니라 일상생활에서 세탁과 청소 등 가정의 다양한 활동에도 필요하다. 또한 다양한 생산활동, 논·밭을 가꾸고 가축을 키우는 농업에서부터 대부분의 제조업종들에 이르기까지 물을 필요로 하며, 상업 및 공공활동에도 직·간접적으로 많은 물이 소요된다. 따라서 인구가 증가하고 산업화 및 도시화가 촉진될수록 물소비량은 증가하며, 이에 따라 사용된

후 버려지는 물의 오염도 점차 악화된다.

과거에는 물이 어디에나 존재했으며 맑았기 때문에 자연상태의 물을 그대로 먹을 수 있었다. 그러나 오늘날에는 깊은 산골의 계곡물이나 맑은 지하수나 샘물을 제외하고는 그대로 먹을 수가 없게 되었다. 이에 따라 공공기관에서 하천이나 호수의 물을 정화하여, 이를 각 가정이나 공장·업소 등에 공급하고 있다. 이러한 수돗물은 식수로 사용가능할 정도로 깨끗하게 정화되어야 하지만, 심하게 오염된 상수원수를 사용하거나 또는 정수 과정에 어떤 문제가 있을 경우 유해한 바이러스가 잔류하여 식수로서는 부적합하게 된다.

수돗물의 바이러스 검출과 그 원인

최근 일부 지역의 수돗물에서 바이러스가 검출되었다고 해서 시민들의 불안감이 고조되었다. 대구에 인접한 경북 영천을 비롯하여 일부 중소도시의 정수장과 가정급수의 수돗물에서 여러 가지 질환을 유발할 수 있는 바이러스가 검출되었다고 정부가 공식확인을 한 것이다. 검출된 바이러스는 아데노·엔테로·엔테릭 바이러스 등으로 결막염·설사·뇌수막염·호흡기질환 등을 일으키며, 특히 엔테로 바이러스는 매년 5월 어린이들에게 유행하는 무균성 뇌막염의 원인인 것으로 알려져 있다.

그동안 정부가 계속 부정해왔지만, 일반 시민들과 일부 전문연구자들이 우려했던 바가 사실로 확인되었다는 점에서 상당히 충격적이라고 할 수 있다. 사실 그동안 수돗물 관리를 책임지고 있는 환경부와 지방환경청이나 지자체들은 수돗물만은 그래도 안전하다고 강조했다. 그러나 막상 조사결과가 이렇게 되다 보니까, 먹는 물만은 그래도 책임을 지겠다던 환경부나 관련 행정부서가 정부를 믿으라고 말하기 힘들게 되었다. 그럼에도 환경부는 이번에 바이러스가 검출된 지역이 경북 영천, 충북 영동 등 중소도시이고, 대도시의 수돗물은 괜찮다고 계속 주장하고 있다.

환경부가 조사·발표한 자료는 하루 처리능력 10만 톤 미만의 전국 중소규모 정수장 31개소이다. 조사결과 9개 지역 상수원수 및 4개 정수장 물(영천 화북정수장, 충북 영동정수장, 남양주 화도정수장, 양평정수장), 그리고 4개 지역 가정 수돗물(하남, 여주읍, 영동군 심천면, 공주시 옥룡동)에서 바이러스가 검출된 것이다. 이들이 대부분 중소도시인 것은 사실이다.

환경부는 이렇게 바이러스가 검출된 이유로, ① 소독능력이 떨어지며, ② 관리자가 부족하고, ③ 중소규모로 인해 시설의 일부만 가동하다 보니까 이러한 문제가 발생했다고 주장하고 있다. 예로, 영천 화북정수장에는 관리자가 기능직 1명밖에 없는 것으로 지적되었다. 또한 화북정수장은 화북 자천저수지 물로 하루 393톤의 수돗물을 생산하여 화북면과 화남면 7개 마을 2,400여 명(823가구)에게 공급하는 소규모 정수장으로, 염소투입 시설을 수동으로 작동하고 있기 때문에 문제가 발생했다는 것이다.

수돗물 바이러스 논쟁

이미 4년 전부터 수돗물 바이러스 문제를 제기해온 김상종 교수는 좀더 일찍 공론화시켜 문제를 사전에 예방할 수도 있었다며 안타까워했다. 그러나 정부는 이러한 주장을 받아들이지 않았다. 대체 정부가 김 교수의 문제제기를 받아들이지 않은 이유가 뭘까? 당시 김 교수가 제기한 수돗물 바이러스 검출에 대해 환경부는 상당히 신경질적인 반응을 보이면서, 김 교수를 명예훼손으로 고발하기

<표 1> 정수장 바이러스 처리기준

구분	요건	처리기준
정수장 시설	상수원수 바이러스를 99.99% 제거하는 시설을 갖춰야 함	· 침전·여과 과정: 99% 제거 · 소독 과정: 침전·여과에서 남은 바이러스를 99% 제거
소독능력	소독 과정에서 바이러스를 추가로 99% 제거할 수 있는 능력	· 소독제 농도·소독시간으로 결정(예: 잔류 염소 1ppm에서 6분간 소독)

※ 구체적인 소독제 농도·소독시간 등은 검토중
자료: 환경부·미국 환경청(EPA)

까지 할 정도로 완강했다. 이번에도 환경부는 여전히 자신들의 검출조사 방법에 따라 "(1997~1999년 이미 조사를 마친) 대구·서울·부산 등 대도시 대형 정수장 24개 등은 안전했다"고 밝혔다.

전문가들이 수돗물 바이러스의 검출가능성에 대해 계속 주장하지만 정부가 이 문제제기를 받아들이지 않은 이유, 그로 인해 시민들만 여전히 불안에 떨며 수돗물 바이러스를 우려하는 원인은 다음과 같다. 첫째, 무엇보다도 상수원수, 그리고 일반 하천 자체가 크게 오염되어 있기 때문에 아무리 완벽하게 소독한다고 하더라도 실제 문제가 발생할 소지가 매우 크다는 점이다. 둘째, 정부가 먹는 물만은 책임을 지겠다고 했지만, 실제 완벽한 정수와 소독을 할 정도로 시설이나 인적 자원이 갖추어져 있지 않다고 하겠다. 미국의 경우 정수장은 상수원수 바이러스를 99.99% 제거할 수 있는 시설을 갖추어야 할 정도로 엄격하다(<표 1> 참조). 그리고 셋째로, 정부가 권위주의적 발상에서 문제가 있다는 사실을 인정하려 하지 않는다는 점이다. 당시 김 교수와의 관계에서 문제가 되었던 것은 바이러스 검출방식이었는데, 학계가 요구하는 방식에 대해서는 별의미가 없는 것으로 무시해버렸다.

과학적 맹신에서 실천적 관리로

수돗물 바이러스 검출과 관련하여 문제해결을 위한 두 가지 측면, 즉 과학적 맹신에서 탈피할 것과 하천의 생태관리가 강조될 수 있다. 우선 과학기술과 이를 응용한 시설들에 대한 맹신이 어떤 문제를 일으킬 수 있는가에 대해서는, 우리 주변에서 흔히 일어나는 사소한 일들에서부터 낙동강 페놀 오염사건이나 나아가 체르노빌 핵발전소 폭발사건에 이르기까지 다양한 사례들에서 찾아볼 수 있다.

최근의 사소한 사례로서 경기도에 있는 덕소 배수펌프장이 고장나 20만 톤의 오염된 물이 수도권 상수원지역으로 흘러든 경우를 들 수 있다. 이런 일이 어떻게 일어날 수 있는가? 한강 덕소천변에 있는 한 무인 배수펌프가 고장을 일으켜서 다량의 미처리 하수가 한강 취수원에 방류된 것이다. 문제는 첫째, 배수펌프 시설이 무인 자동으로 운영될 정도로 아무리 기술적으로 뛰어나다고 할지라도 고장이 날 수 있다는 점이다. 둘째, 또다른 문제는 이와 같이 고장이 발생했는데도 불구하고 이를 운영하고 있는 지방자치단체가 열흘 정도나 이러한 사실을 알지 못할 정도로 관리를 소홀히 했다는 점이다.

미처리 하수가 흘러든 지점의 하류에는 6km 거리에 암사취수장이 있는 등 수도권 주민 약 900만 명에게 공급할 원수를 취수하는 7개 취수장이 위치한 곳이다. 미처리 하수에는 정화조 폐수와 생활오수 등이 섞여 있으며, 바이러스와 같은 병원성 미생물이 포함되어 있을 가능성이 높다고 환경부는 밝혔다. 이러한 문제가 재발하지 않도록 하기 위하여 하수처리시설들에 대해 철저한 관리·운영이 이루어져야 하고, 나아가 기술적으로 고도화된 시설만 믿을 것이 아니라 문제의 원인을 줄일 수 있도록 해야 한다. 오염된 하수 자체를 줄일 수 있는 방안이 마련되어야 할 것이다.

요즘은 예전에 비해 1인당 물사용량이 급증하였다. 그런데도 물 공급을 위한 댐 건설은 반대하고 있다. 이처럼 우리의 환경에 대한 의식과 행동에는 모순이 존재한다. 개인과 국가, 지방자치단체 모두 생각의 틀(패러다임)과 행동을 바꿔야 할 것이다. 궁극적으로 물 문제를 해결하기 위해서는 물사용자들이 스스로 물을 절제하는 것 뿐이다. 여기서 물사용자란 개인뿐만 아니라 기업도 포함된다. 또 한 국가나 지방자치단체도 댐 건설 등을 통한 공급우선의 물정책에 서 벗어나 시민들과 더불어 물소비를 줄여나가는 실천운동을 펼쳐 야 할 것이다.

맑은 물을 위한 하천 생태관리

바이러스 검출 등 오늘날 수돗물의 오염을 가져오는 근본적인 원인들 가운데 하나는 하천의 생태관리와 관련된다. 하천의 관리에 는, 흐르는 물의 수량관리와 수질관리가 가장 중요한 항목으로 강 조되고 있지만, 이러한 항목들 못지않게 중요한 것이 하천의 생태 관리이다. 이 점은 하천의 오염과 밀접한 관계가 있는데도 불구하 고 흔히 무시되고 있다.

도시하천의 생태와 관련하여 우선 하도의 직강화 문제를 들 수 있다. 하천은 본래 물의 자연적 흐름에 따라 매우 꾸불꾸불하게 하 도가 형성된다. 그리고 이러한 하천의 자연적 흐름으로 하천 유역 곳곳에 퇴적지나 습지가 형성되고, 또 그 주변에 수초가 자라서 하 천이 자정작용을 하는 데 중요한 역할을 한다.

그러나 최근 도시 내 또는 주변을 흐르는 하천, 그리고 수해피해

대구 도심을 흐르는 신천: 유지수 부족과 콘크리트 호안공사에 의한 직강화로 자정
능력을 거의 상실하였다.

신천의 고수부지: 콘크리트 호안 위에 화려한 조경용 꽃들이 가꾸어져 있지만, 하천
은 오히려 생명력을 잃어가고 있다.

로 복구하는 하천들의 경우 거의 대부분 직강화하는 경향이 있다. 즉 일부러 많은 재정을 투자하여 하천변을 보수하면서 퇴적지나 습지, 그리고 수초 등을 모두 제거해버리는 한편, 하천의 흐름을 곧게 만들면서 그 양변을 시멘트나 골조 등으로 쌓아버리는 것이다.

이러한 하천 직강화의 사례는 대도시 주변에서 쉽게 찾아볼 수 있다. 예로, 대구 도심을 흐르는 신천은 외관상 매우 깔끔하게 정비되어 있고, 고수부지에 화려한 조경용 꽃들이 가꾸어져 있지만, 유지수 부족과 콘크리트 호안공사에 의한 직강화로 인해 자정능력이 거의 상실되었다. 또한 신천이 합류하는 금호강의 경우도 하류 부근은 가뜩이나 오염이 심한 데다 콘크리트 호안공사로 인해 모래밭이 파헤쳐지고 생물이 더 이상 살기 어려울 정도로 황폐화되었다.

또한 지난 몇 년간 여러 차례 수해를 입은 의성지역을 들 수 있다. 이 지역의 하천의 복구 과정에서 무려 1,000억 원이 넘는 재정을 투입하여 바닥의 자갈과 모래를 파서 하천 둑을 높이고 폭도 넓혔다. 그런데 홍수 때의 유실에 대비해 둑을 콘크리트 블록으로 촘촘히 쌓아 하천이 거대한 콘크리트 벽으로 변했고, 이로 인해 곳곳에 있었던 습지가 사라지고 황량한 하천만 남게 되었다.

이렇게 하천이 직강화되고 양변이 콘크리트 벽으로 변하게 되면 물고기가 살 곳을 잃어버리고 점차 소멸된다. 뿐만 아니라 물고기가 사라지면 흙둑에 구멍을 뚫고 살던 물총새나 그 외 물가 포유류 등이 터전을 잃고 사라진다. 무엇보다도 이러한 직강화와 수초제거 등은 하천의 자정작용을 크게 훼손시키기 때문에, 선진국에서는 이러한 콘크리트 벽면으로 직강화된 하천을 다시 자연 하천으로 복원하기 위한 노력을 활발하게 전개하고 있다.

하천 생태관리의 문제점과 개선방안

우리 나라의 하천 관리에서 우선 지적될 수 있는 가장 큰 문제는 대형 공사 중심으로 이루어지고 있다는 점이다. 재정이 없으면 그냥 방치하다가도, 재정이 어느 정도 확충되면 이상하게 콘크리트 벽면쌓기 공사부터 한다. 이런 공사를 해야만 어떤 성과가 난 것처럼 보이겠지만, 실제 이런 하천공사는 수질오염을 가속화시키고 하천을 완전히 죽이는 것이라고 할 수 있다.

둘째로, 하천 관리에 관한 원칙과 감독이 잘 지켜지지 않고 있다. 예로, 하천의 모래와 자갈의 채취사업이 특정 기업의 독점적 이권이거나 또는 지자체의 재정수입원으로 인식되어 무분별하게 허가되고 있다. 뿐만 아니라 하천부지의 매립사업도 상당히 무계획적으로 이루어지고 있다. 해당 관청은 이러한 하천 골재채취나 하천부지의 매립으로 인해 발생하는 문제를 철저히 감시·감독해야 하지만 제대로 이루어지지 않고 있다.

하천 생태관리를 위해 바람직한 방법은 무엇일까? 가장 중요한 점으로, 하천의 관리는 원칙적으로 자연상태를 그대로 보존하고, 나아가 원래 상태로 복원하는 것이다. 하천생태계를 정밀조사하고, 전체적인 보전방안에 기초하여 하천의 생태와 경관을 복원하는 것이 중요하다. 특히 훼손된 하천의 자연형 하천 복원방안이 마련되어야 할 것이다.

뿐만 아니라 하천의 복원은 하천과 관련된 주민들의 생활문화와 관련된 역사의 복원과도 연계되어야 한다. 특히 하천 주변에서 살아가는 사람들의 생활습관의 변화와 환경에 대한 의식의 변화가 무엇보다도 중요하며, 하천을 되살리는 데 직접 참여하려고 하는 의지가 긴요하다.

하천생태계의 보존과 복원과 더불어 현실적으로 강조되어야 할 사항은 하천에 무단으로 폐수를 방류해서는 안 된다는 점이다. 지난(2001년) 4월에도 경북 군위읍 사직교 아래 위천에서 메기·꺽지·피라미 등과 길이가 40cm나 되는 나부락지(잉어과) 등 수십여 종의 물고기가 떼죽음당하는 사고가 발생했다. 최근 들어 물고기 떼죽음은 매우 자주 발생하여, 사건이 발생해도 별다른 관심을 끌지 못할 정도가 되었다.

이러한 물고기 떼죽음을 막기 위해 농공단지나 축산단지의 폐수처리장이 적정하게 시설·가동되어야 하고, 무단으로 폐수를 방류하는 일은 절대 있어서는 안 될 것이다. 수돗물을 안심하고 먹을 정도가 되기 위해서는 우선 하천에서 물고기가 떼죽음당하는 일은 없어야 한다. 만약 하천의 물을 먹고 물고기가 죽게 된다면, 몸 전체의 70%가 물로 구성되어 있는 인간도 결국 언젠가는 떼죽음당하지 않는다고 누가 장담하겠는가?

(2001. 5. 8.)

참고문헌

김상종. 2002, 「환경부 수돗물 바이러스 정책의 개선을 위한 제안」, ≪환경과 공해≫, 제42호 특집.

박현철. 2001, "수돗물 바이러스, 지금은 문제를 해결할 때", ≪함께 사는 길≫, 6월호.

정용석. 2001, 「수돗물 바이러스 오염과 검출시험법의 과학적 의미」, ≪생물산업≫, 14(2).

환경과공해연구회. 2000, 「환경동향: 수돗물 안전성에 대한 환경사회단체 의견서」, ≪환경과 공해≫, 제37호.

황숙희. 2001, "수돗물, 핵심을 벗어난 지리멸렬한 논쟁", ≪함께 사는 길≫, 12월호.

영천댐 도수로 공사의 효과와 한계

　우리 나라는 일찍부터 물을 많이 필요로 하는 미작농업을 중심으로 발전해왔다. 이에 따라 홍수 및 가뭄에 대비한 물관리 사업은 국가적 사업으로 추진되었으며, 사업의 성패는 국가 통치력을 좌우할 정도였다. 이러한 사업의 일환으로 우리 나라 전역에 걸쳐 저수지 및 관개수로를 흔히 찾아볼 수 있으며, 그 역사는 삼국시대로 소급된다. 삼국시대에 축조되었다고 알려진 대표적인 저수지로 김제의 벽골제를 비롯하여 제천의 의림지, 대제지, 밀양의 수산제 공검지, 영천의 청제 등이 있다.

　삼국시대 이래의 수리시설은 골짜기 물이 평지로 흘러나오는 산곡의 입구에 제방을 쌓거나 못이나 늪에 제방을 쌓는 형태, 즉 제언(堤堰)이 주종을 이루었다. 좁은 개울물을 끌어들여 관개수로 활용한 경우도 있었겠지만, 후대의 방천 혹은 보와 같이 하천을 다스려서 관개수로 적극 활용하는 방식은 일반화되지 않았다. 하천의 수면과 경지의 높이에 차이가 있어 물을 끌어쓰는 데 기술적인 어려움이 있었기 때문이다.

일제시대에 들어와서 수력발전용 대형 댐들이 본격적으로 개발되었고, 또한 일제에 의해 식량증산시책으로 토지개량사업이 추진되면서 남·북한 합하여 236개의 중소형 관개용 댐이 건설되었다. 특히 관북지방에서는 개마고원을 흐르는 장진강·부전강·허천강을 막아 도수로(터널) 공사를 함으로써 유로변경에 따른 낙차의 폭을 이용해 발전하는 유역변경식 발전소가 건설되었다.

영천댐 도수로의 관로공사: 임하댐에서 영천댐 상류를 잇는 길이 53.1km의 도수로의 관로공사가 10년만에 완공되었다.
(http://www.kowaco.or.kr/ychun/pipe1.htm)

1960년대 이후 본격적인 경제개발이 추진되면서 많은 댐들이 건설되고, 이 가운데 섬진강다목적댐은 인공적으로 조성된 호수에서 도수로 공사를 통해 동진강으로 유역을 변경하여 김제평야와 계화도간척지에 관개용수를 공급하도록 개발되었다. 물관리 시설기술의 발달에 따라, 댐 건설과 도수로 공사를 통해 하천의 유로를 인위적으로 통제할 수 있게 된 것이다.

남한에는 섬진강다목적댐 외에도, 강릉수력발전소에(영천댐 도수로가 건설되기 전까지는) 국내에서 가장 긴 도수로(직경 3.8m, 길이 15.65km)를 만들어 동양 최대의 낙차를 이용해 발전을 하고 있다. 이러한 도수로 공사를 통한 하천 유로의 변경은 낙차를 이용한 발전뿐만 아니라 상대적으로 물이 부족한 지역의 관개용 및 유지용수 등의 확보를 위해 추진되기도 한다. 후자의 대표적 사례로 영천댐 도수로 공사를 들 수 있다.

영천댐 도수로의 완공

안동의 하댐 물을 영
천댐으로 옮기는 도수
로 공사가 완공되어, 금
호강에 유지수의 추가
공급을 시작하게 되었
다. 낙동강 페놀 오염
사건 직후인 1991년
4월에 착공되어 10년
에 걸친 도수로 공사가
2001년에 완공되어, 지
난 4월 11일부터 이
도수로를 통해 흘러온

영천댐 방향의 도수로 출구: 도수로 공사는 경북 동남부지역의 물부족을 해결하고 금호강의 수질을 개선할 목적으로 시행되었다.
(http://tggeo.com/dabsa/field2-05.htm)

임하댐의 물이 영천댐을 거쳐 금호강으로 흐르게 된 것이다. 이 도수로 공사는 ① 포항, 경주, 영천 등 경북 동남부지역의 물부족을 해결하고, ② 심각하게 오염된 금호강의 수질오염을 개선할 목적으로 시행되었다.

총 사업비는 3,530억 원이 투입되었고, 도수로의 총길이는 안동시 임하면에 있는 임하댐에서 영천시 자양면에 있는 영천댐의 상류부를 잇는 길이 53.1km에 달한다. 이 도수로는 1km의 취수터널과 19km의 도수관로, 33km의 지하 도수터널(직경 3~3.5m) 등으로 연결되어 있으며, 국내에서 가장 긴 도수로이다. 본래 2001년 6월 10일 준공예정이었으나, 대구시가 대륙간컵축구대회 등에 대비하여 가능한 한 빠르게 금호강 수질을 개선하기 위하여 건교부의 사전승인을 얻어서 임시로 통수하였다.

도수로 공사의 효과

이러한 대규모 도수로 공사의 완공으로, 깨끗한 안동 임하댐 물을 옮겨와서 금호강의 수질을 개선하고자 할 경우 어느 정도 효과를 볼 수 있을까? 그동안 영천댐에서 금호강으로 흘려보낸 유지수는 하루 4만여 톤이었으나, 도수로 공사의 완공으로 임하댐에서 통수된 물 25만 9,000톤이 추가로 공급되었다. 이에 따라 유지수가 7배 이상 늘어남에 따라, 현재 3급수(BOD 6ppm 이하)에도 못 미칠 정도로 오염된 금호강의 수질을 개선하는 데 상당히 큰 도움이 될 것이다.

10년 전만 하더라도 심각하게 오염되었던 금호강이 그동안 수질 개선을 위한 많은 노력으로 다소 맑아지긴 했지만, 자체 시설확충만으로는 한계가 있었다. 이에 따라, 금호강의 유지수 증대는 자정작용을 증대시킬 뿐만 아니라, 풍부한 수량으로 어류나 조류의 서식을 위한 환경의 복원에도 도움이 될 것으로 생각된다. 심지어 대구시는 금호강에 증가된 유지수 가운데 5만 톤을 신천으로 다시 끌어올려 신천을 좀더 맑게 만드는 데 사용할 계획을 세우고 이를 시행하기에 이르렀다.

그런데 이러한 효과와 더불어 여러 가지 부수된 문제점들이 현재 발생하고 있거나, 또는 우려되고 있다. 우선 이미 발생한 문제로, 공사 과정에서 안동과 청송, 영천 등 공사 주변 지역의 44개 마을에 걸쳐 도수터널을 굴착함에 따라, 지하수가 고갈되어 이에 따른 생활용수 및 농업용수의 부족 등으로 보상을 요구하는 집단 민원이 잇따라 발생하고 있다.

보다 심각하게는 본래 임하댐에서 낙동강 본류로 흐르던 유지수의 감소로 그 하류에 하천오염과 물부족현상이 유발될 것으로 예상

유지수가 증가한 신천: 대구 시내를 흐르는 신천에 오리가 놀 정도로 유지수가 증가했지만, 아직 곳곳에 설치된 수중보와 콘크리트 벽으로 오염물들이 정체되고 있다.

된다. 특히 지난 겨울에 계속된 가뭄으로 임하댐 저수율이 30%밖에 안 되는 상황에서 영천댐 통수가 시작되어, 낙동강 본류에 물을 공급하는 데 차질을 빚을 것으로 우려되고 있다.

다른 한편, 영천·경주·포항 등 경북 동남부지역의 경우, 그동안 비가 오지 않으면 물부족현상이 심해지곤 했는데, 임하댐 물의 통수는 이 지역들에에 상당히 도움이 될 것으로 예상된다. 즉 도수로 공사로 하루 40만 7,000톤의 임하댐 물이 영천댐으로 유입되어, 이 가운데 63.6%인 25만 9,000톤은 금호강 유지수로, 나머지 36.3%인 14만 8,000톤은 포항과 경주, 영천지역 생활용수와 농·공업용수로 공급되고 있다(<그림 1> 참조).

도수로가 완공되기 전에는 영천댐 자체의 물생산 능력은 1일 25만 톤 정도였는데, 이 가운데 5만 톤 정도만 금호강의 유지수로 흘려보내고, 나머지 20만 톤은 포항·경주 등지에 공급되었으며, 특히

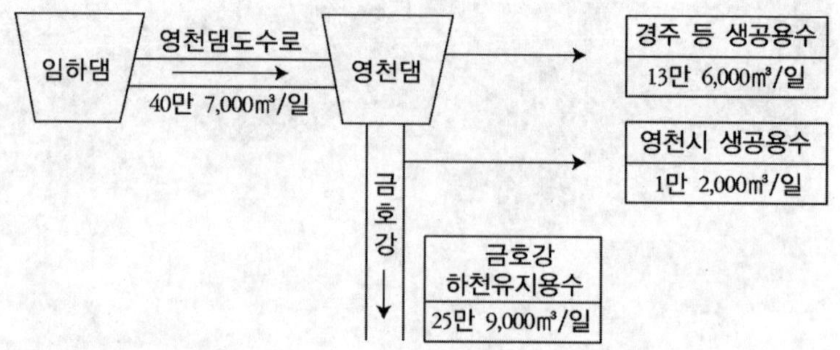

<그림 1> 영천댐 도수로 공사에 의한 용수공급계획

포항제철 등 포항공단에 필요한 공업용수의 공급에 중요한 역할을 했다. 현재는 포항권 광역상수도 공사가 마무리되지 않아서 이 지역으로 추가공급을 하고 있지는 않지만, 이 공사가 완료되어 임하댐 물이 추가공급된다면 일단 이 지역의 물부족난도 상당히 해소될 것으로 기대된다.

도수로 공사로 우려되는 문제들

그런데, 문제는 물이용을 둘러싸고 해당 지역들간 갈등이 발생할 조짐이 나타나고 있다는 사실이다. 금호강 유역인 대구와 경산, 영천 사이에서 금호강 물을 서로 끌어다 쓰려고 쟁탈전을 벌이는가 하면, 안동과 청송지역은 임하댐 물의 통수에 따른 수자원 고갈로 인한 피해보상을 요구하고 있다.

도수로 공사에 따라 얻게 되는 여러 효과들은 장기적으로 볼 때 또다른 문제를 초래할 것으로 우려된다. 첫째, 영천댐과 금호강 유역의 물공급량이 증가함에 따라, 물소비량이 더욱 증가할 것으로 예상된다. 현재에도 우리 나라 1인당 물소비량은 395리터 정도로 선진국에 비해 매우 높은 편이다. 물론 이 통계치는 우리 나라 전체 물소비량을 인구수로 단순히 나눈 1인당 물소비량으로, 여기에는 공업 및 농업용수 등도 포함된 것이다.

따라서 개인이나 가정의 일상생활뿐만 아니라 기업체들의 공업활동에서도 물소비량을 줄이기 위한 노력이 필요하다. 예로, 포항공단에서는 제철과정에 필요한 엄청난 물을 다른 유역의 하천까지 끌어들여 물소비량을 증대시키는 편한 방법을 택하고 있다. 이렇게 되면, 물소모량을 줄이기 위한 생산공정의 개선이나 대안적 물공급(해수를 이용하는 방식 등)을 위한 기술부문에는 투자를 하지 않게 될 것이다. 그러나 문제는 언제까지나 이렇게 편한 방법으로 물공급이 계속될 수는 없다는 점이다.

둘째, 금호강의 유지수가 늘어나고 수질이 어느 정도 개선된다면, 이를 빌미로 대구지역의 여러 공단이나 주변에 입지한 공장에서 폐수를 무단으로 배출할 가능성이 높아진다. 뿐만 아니라 지방자치단체가 금호강이나 낙동강 주변에 새로운 공단을 건설하거나 공장을 입지하도록 한다면, 결국 이러한 도수로 사업의 의미는 없어질 것이다. 따라서 앞으로도 폐수의 무단배출에 대해 철저한 감시·감독을 하고, 신규공단의 조성이나 공장입지에 대해 철저한 통제가 있어야 할 것이다.

셋째, 인간에 의한 자연환경의 개조와 인공적인 통제에 대한 반성이 있어야 할 것이다. 이번 영천댐 도수로 공사는 낙동강의 상류지역에 흐르는 물의 일부를 차단하여 다른 지류로 흐르도록 함으로써 인공적인 힘으로 자연환경을 개조하겠다는 발상에서 이루어진 것이다. 이러한 자연에 대한 인공적·기술적 통제는 인간이 자연을 마음대로 지배할 수 있다는 사고를 기본적으로 깔고 있다. 그러나 사실, 근대 과학기술의 발달로 인간은 자연을 상당히 통제·지배하게 된 것처럼 보이지만, 그 결과로 인해 현재와 같은 심각한 자원 고갈과 환경오염이라는 위기에 봉착한 것이다. 따라서 하천의 흐름을 인공적으로 바꿀 것이 아니라 하천의 흐름에 순응하는 생산양식과 생활양식을 만들어나가야 할 것이다.

(2001. 5. 15.)

참고문헌

강성훈 외. 영천도수로 건설(슬라이드 쇼 자료), http://cm.gsnu.ac.kr/ppt/presentation/crew11/crew11.ppt.
김수원 외. 1999, 「영천댐 방류수량이 금호강 수질에 미치는 영향」, 대한 상하수도학회 추계학술대회 자료집.
윤영구. 1994, 「영천댐 도수로공사」, ≪대한토목학회지≫(토목), 42(5).

생명의 존엄성을 무시하는 생명공학

인간을 포함하여 자연의 모든 동식물들은 각기 고유하고 유한한 생명을 가진다. 이러한 생명은 어떤 것과도 바꿀 수 없기 때문에 그 자체로 고귀하고 존엄한 것이다. 윤리는 이러한 생명의 존엄성에 대한 믿음에서부터 출발한다. 그럼에도 불구하고 현대사회에서는 생명에 대한 경시 풍조가 확산되고 있다. 생명경시 풍조는 인간을 수단화하는 정신적 가치의 전도, 황금만능주의에 따른 외면적 가치의 중시, 이를 조장하는 유해한 매체들, 각종 대형사고로 인한 인명피해 등 다양한 이유에 의해 유발된 것이다.

뿐만 아니라 생명경시를 촉진하는 주요한 원인 가운데 하나는 과학기술의 발달이다. 오늘날 고도로 발달한 과학기술은 자연의 현상이나 그 구성물들을 임의로 조작하거나 생성·소멸시킬 수 있게 되었다. 자연생태계와 그 구성물들에 대한 완전한 통제와 지배를 목적으로 하는 과학기술의 발달은 자연의 일부분인 동식물뿐만 아니라 인간 자신까지도 그 대상으로 하고 있다. 인간을 포함한 생명체를 대상으로 발달한 생명공학은 인간의 신체를 치유할 수 있는 다양한 기법들뿐만 아니라, 보다 근원적으로 유전자를 조작하여 발병이나 노화를 억제하는 방법들의 개발을 통해 인간을 질병과 고통으로부터 해방시키고 유한한 생명을 연장하려는 꿈을 실현시켜나가는 것처럼 보인다.

그러나 다른 한편으로 이러한 생명공학의 발달은 생명 자체를 과학기술의 대상으로 간주하고 공학적인 측면에서 이를 조작하고 재구성함으로써, 유한한 생명의 고귀함을 무시하는 역설적 상황을 맞이하였다. 특히 이러한 생명공학의 발달은 기술 그 자체와 더불어 생명을 상품화하는 경향을 보이고 있다는 점에서 커다란 우려를 낳고 있다.

생명윤리기본법의 시안 발표

이와 같은 생명공학에 대한 윤리적 통제를 위하여 생명윤리기본법을 제정하는 것은 매우 의미 있는 일이 분명하다. 2000년 과학기술부 산하에 생명공학의 연구 허용범위를 법제화하기 위하여 학계·종교계·생명공학계·시민단체 등의 전문가 20명으로 생명윤리자문위원회가 구성되었고, 이 위원회가 2001년 5월 18일 기자회견을 열어 생명윤리기본법(가칭)의 시안을 발표하였다.

이 위원회에서 발표한 시안에 의하면, 기존 체세포의 복제는 물론 불임치료 목적 이외의 배아(胚芽: 수정 14일 이내로 장기형성이 안 된 세포덩어리) 연구는 일절 하지 못하게 된다. 또 배아, 줄기(幹)세포(배아가 분열을 거듭해 특정 장기로 분화될 운명을 지닌 세포)를 이용해 장기를 생산하기 위한 연구도 금지했다. 특히, 인간복제는 완전히 금지되고 인간 배아 연구도 불임치료 뒤 남은 배아에 한해 한시적으로 허용되었다.

<표 1> 생명윤리기본법(가칭) 초안의 주요 내용

주요 사항	세부 내용
국가생명윤리위원회 설치	대통령직속으로 규정과 지침 제정
생명복제와 종간 교잡	인간 개체 및 배아복제 금지, 동물복제만 인정
인간 배아	불임치료 목적 외 인간 배아 생산 금지(연구용 배아 생산 금지); 불임치료 뒤 남은(폐기될) 배아는 연구용으로 한시적 허용; 성인의 줄기세포를 이용한 연구 허용
유전자 치료	수정란, 배아, 태아 유전자 치료 금지; 특정 목적(예, 뛰어난 사람 만들기)을 위한 유전자조작 금지; 암 등 난치병에만 허용
동물의 유전자변형	실험동물 대상의 유전자변형 연구 인정; 생태계에 영향을 미치는 유전자변형 연구시 정부 허가
인간 유전체 정보 활용	본인 동의 이외의 목적 사용 금지; 보험사 및 고용주의 유전자차별 금지
생명 관련 특허	윤리적 논란이 있는 경우 국가생명윤리위원회가 결정 (시안에 위배되는 연구결과 특허 불허)

그 외, 인간과 다른 종 간의 교잡은 철저히 금지되며, 특정 목적 (예를 들어, 지능이 뛰어난 사람 만들기)을 위한 유전자조작도 금지된다. 암 등 난치병의 치유를 위한 유전자치료나 실험동물을 대상으로 한 유전자변형 연구는 인정되지만, 생태계에 영향을 미치는 유전자변형 연구를 하기 위해서는 정부의 허가를 받아야 한다. 생명공학과 관련된 정보의 관리 및 통제를 위하여 본인 동의 이외의 목적으로 인간 유전체 정보 활용은 금지되며, 생명과 관련된 특허는 윤리적 논란이 있을 경우 국가생명윤리위원회가 결정하게 된다(<표 1> 참조).

생명윤리법 제정의 의의와 효과

오늘날 과학기술의 발달, 특히 생명공학의 발달은 가속적으로 진행되고 있다. 예로, 우리 나라에서도 서울대 황우석 교수가 1998년

복제소 '영롱이'와 이 소가 낳은 암송아지: 생명 윤리법이 제정되면 핵이식을 통한 체세포 복제 기술은 금지된다.

체세포 복제기술을 통해 복제소 영롱이를 탄생시킨 바 있으며, 2000년에는 사람의 귀 피부에서 세포를 떼어내 줄기세포 직전까지 배양하는 데 성공했다. 그러나 이번 시안에 의하면, 이러한 핵이식을 통한 체세포 복제 기술은 완전히 금지된다.

다른 한편, 2000년 마리아불임클리닉 기초의학연구소 박세필 소장은 폐기 직전의 냉동 배아를 녹여 줄기세포까지 배양한 뒤 심근세포만을 골라내는 데 성공했다. 이러한 배아복제기술은 이번 시안에서 폐기처분될 냉동 배아에 대한 실험이 허용됨에 따라, 한시적으로 계속될 수 있게 되었다. 전체적으로 이번에 발표된 생명윤리 기본법 시안은 '기술 우선주의'보다 생명의 존엄성에 손을 들어준 것으로 해석될 수 있다.

사실 서구의 대부분 선진국에서도 최근 들어 생명윤리에 관한 법을 제정하였다. 이들 국가에서 공통된 점으로, 인간복제는 어떠한 경우에도 불허한다는 것이다. 2001년 4월 영국에 이어 미국과 캐나다도 인간복제 금지법안을 통과시켰다. 유럽의회도 2001년 1월 인간복제의 도덕성 문제와 관련기술 사용의 의약적 안전성 문제 등을 조사하기 위한 청문회를 개최한 바 있다. 이 청문위원들은 일단 인간복제를 위한 기술사용을 통제하는 법안을 마련해야 한다는 데 의견을 모았다.

난치병 극복 등 연구목적의 배아복제는 나라마다 입장이 다르다.

가장 적극적인 입장을 보이는 나라는 영국으로, 2001년 1월 연구목적의 배아복제 허용법안이 상원을 통과했다. 복제양 돌리 등 복제기술을 바탕으로 차세대 생명공학의 핵심분야인 배아복제를 주도하기 위한 국가적 전략으로 해석된다. 그러나 미국은 최근 부시 대통령이 폐기처분될 냉동 배아를 대상으로 한 배아복제 연구에 연방정부의 연구비 지원을 허용키로 한 과거 클린턴 정부의 지침을 재검토하도록 지시함으로써 원점으로 돌아간 상태다. 독일 등 유럽 국가는 배아복제 연구를 법적으로 허용하지 않고 있다.

생명윤리법 제정에 대한 반응과 효력

생명윤리법 제정의 목적은 인간 배아 연구를 엄격히 통제함으로써 기술개발을 이유로 생명의 존엄성이 손상되는 것을 막자는 데 있다. 즉 인간 배아는 그동안 법적 지위를 가지지 못했지만 엄연히 하나의 생명체라는 점에서 그 활용이 엄격히 통제되어야 한다고 하겠다. 이런 점에서, 생명윤리법의 시안은 기술개발보다 생명윤리 쪽에 더 무게를 둔 것이다. 인간복제는 물론 인간과 동물 유전자를 섞는 연구를 일절 할 수 없도록 금지한 것이나, 더 뛰어난 사람을 만들기 위해 태아나 수정란의 유전자를 조작하는 것을 금지한 것도 같은 맥락이라고 하겠다.

물론 이러한 법제정으로 그동안 세계적 수준에 손색이 없었던 우리 나라 생명공학의 침체를 가져올 것이라는 우려도 제기되었다. 실제 자신의 세포로 면역 거부반응이 없는 장기를 생산하는 기술 등은 의학계와 환자들의 큰 관심을 끌었다. 이러한 점에서 생명공학계 일부 학자들은 생명기술의 중요성을 강조하면서, "배아 연구는 차세대 의학·생명공학에서 핵심분야인데 이를 금지하는 것은

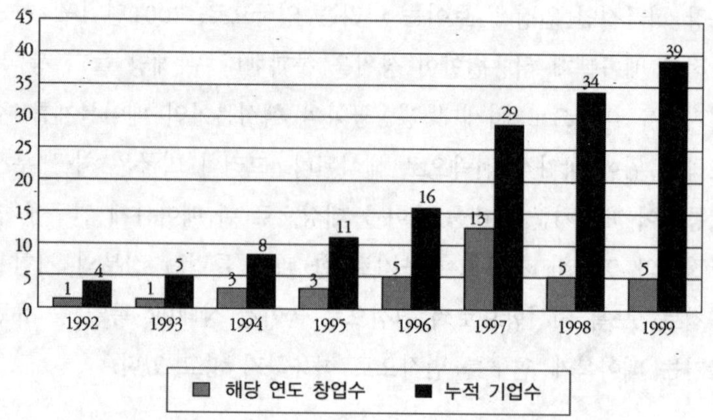

<그림 1> 우리 나라 생명공학 벤처기업의 발달 추이

머지않아 또다른 기술예속을 불러올 것”이라고 반발하기도 했다.

그동안 우리 나라에서 생명공학 관련 벤처기업들이 크게 증가하여, 1999년에는 39개소에 이르렀다(<그림 2> 참조). 그러나 비록 생명기술 관련 산업이 급속히 성장하고 있다고 할지라도(또는 바로 그러하기 때문에), 생명기술의 발전으로 예상되는 장점이나 희망보다는 이로 인해 발생할 여러 가지 문제점들이 더 크게 우려되고 있다는 점에서 생명윤리법은 추진되어야 할 것이다. 현재 시안에 대해 일부에서는 규제를 완화해야 한다는 주장이 제기되고 있다. 그러나 비록 우리 나라 생명공학에 심각한 타격을 준다고 할지라도, 생명의 존엄성은 어떠한 다른 것과도 바꿀 수 없다는 점에서 엄격한 법안이 만들어져야 할 것이다.

(2001. 5. 22.)

참고문헌

김환석. 2002, "인간복제의 위험과 생명윤리법", ≪함께 사는 길≫, 5월
호.
박병상. 2002, 『내일을 거세하는 생명공학』, 책세상.
박은정. 1998, 「생명공학시대의 법; 법윤리적 쟁점과 법정의」, ≪법철학
연구≫, 1.
송상용. 2000, "생명공학을 어떻게 볼까?", ≪함께 사는 길≫, 1월호.
한재각. 2000, 「한국 생명공학감시운동의 현황과 과제」, ≪환경과 공해≫,
제36호.
홍욱희. 2001, 「생명공학 시대의 생명 — 돌리 복제 그 이후」, ≪과학사
상≫, 제36호.

가뭄과 댐 건설, 대안은 없는가?

농업에 바탕을 두었던 전통사회에서 문화는 기상과 밀접한 관계를 가지고 있었다. 이러한 점은 특히 예전부터 봄의 기상상태와 관련된 속담이 많이 전해 내려오고 있다는 점에서도 확인된다. 예를 들어, "우장 덮고 들잠 자면 풍년 든다"는 속담이 있다. 이는 물이 필요한 시기에 가물면 물을 서로 먼저 대기 위하여 들에서 우장을 덮고 밤잠을 자면서라도 물꼬를 지켜서 필요한 시기에 물을 대어주어야 풍년을 맞이할 수 있다는 뜻이다. 그리고, "봄비가 잦으면 시어머니 손이 커진다"는 속담은 봄비가 자주 오면 농작물을 적기에 파종할 수 있어 풍년이 들기 때문에 인심이 후해지는 것을 의미한다.

반면에, 봄가뭄과 관련된 속담도 많다. "곡우에 가물면 땅이 석 자가 마른다"는 속담이 있다. 곡우는 양력 4월 20일경으로, 이때 가물면 못자리 설치가 지연되고 땅이 봄바람으로 건조하여 땅 속 깊이 마르게 되어 봄가뭄 피해를 받는다는 뜻이다. 다른 속담으로, "모 심고 동풍이 많이 불면 솥단지 떼어놓아야 한다"는 말이 있다.

이는 이앙 후 건조하고 온도가 낮은 동풍이 자주 불면 벼 생육이 부진하여 수량이 많이 떨어진다는 사실에서 유래했다. 이와 같이 봄가뭄은 솥단지를 떼어놓아야 할 정도로 곡물생산의 부진을 초래하고, 농부들로 하여금 배고픔에 굶주리도록 했다.

이러한 봄가뭄은 최근 들어 더욱 빈번하게 발생하고 있다. 물론 그동안 가뭄을 이기기 위한 여러 대책들이 제시·시행되었지만, 가뭄으로 인한 피해와 걱정은 주기적으로 되풀이되고 있다. "가재는 4월(음력)이 없는 곳에 살았으면 한다"는 속담이 있다. 이 말은 봄가뭄이 자주 들어 하천이 말라서 물고기 등이 수난을 당하고 작물에도 피해가 많았음을 뜻한다. 그렇다고 달력에서 가뭄이 드는 달을 없애버릴 수는 없지 않은가? 거의 매년 되풀이되는 봄가뭄을 극복할 수 있는 효과적인 대책이 절실히 필요하다.

최고를 기록하고 있는 가뭄

올해(2001년)도 계속되는 가뭄으로 경북 북부지역을 포함하여 전국이 물부족현상을 보이며, 일부 지역에서는 식수난과 모내기에 큰 차질을 빚고 있다. 지난 5월 25일 안동댐관리단에 따르면, 계속되는 가뭄으로 올 들어 안동댐 유역의 강우량은 114.8mm, 임하댐 유역은 121.8mm로 예년평균 226mm의 절반 가량에 머물고 있으며, 저수율도 안동댐의 경우 36.1%, 임하댐 27.5%로 지난해 같은 기간 45%, 29.2%에 비해 2~9% 가량 낮은 실정이다. 이러한 가뭄은 우리 나라에서 강우관측이 시작된 이후 최악의 상황이라고 한다.

잠시 이 지역에 10mm 안팎의 비가 내렸으나 가뭄 해갈에는 턱없이 부족한 실정으로 안동과 영주·예천·봉화 등 대부분의 지역에

4대강 유역 종합개발계획에 따라 건설된 안동댐: 다목적댐으로 높이 83m, 길이 612m로 총저수량이 약 12.5억 톤에 달하는 본 댐과 보조 댐으로 구성되어 있다.

서 현재 2,400여 ha의 논에 물대기가 여의치 않아 모내기를 못하거나 심은 모가 말라죽는 피해가 나타나고 있다. 일부 지역에서는 소하천에서 인력과 장비를 동원하여 굴착작업을 하고 있고, 또한 고지대 천수답에 물을 끌어들이기 위해 200여 개소에 관정개발을 시행하는 등 주민들이 물확보에 안간힘을 기울이고 있지만, 매우 어려운 실정이다.

이로 인해 밭작물의 일부도 가뭄으로 잎이 말라 성장이 멈추는 등 피해를 보고 있다. 일례로 의성군의 경우 이미 마늘 재배면적의 5%가 가뭄으로 말라죽었고, 앞으로 비가 내리지 않을 경우 6월 중순 수확을 앞둔 마늘의 10% 가량이 잎이 말라죽는 피해를 입어 수확량이 감소할 것으로 우려되고 있다. 뿐만 아니라, 안동·의성·영양군 등의 일부 지역 주민들은 식수고갈로 인해 소방차로 물을 공급받고 있다.

댐 건설로도 막지 못하는 가뭄

그동안 정부는 대규모 다목적댐을 건설하여 전력생산뿐만 아니라 하류지역의 용수공급, 그리고 가뭄과 홍수조절 등을 도모하고자 했다. 사실 지난 40여 년 간 우리 나라에서는 급속한 산업화와 도시화가 진행되었고, 이에 따라 대도시를 중심으로 물소비량이 급격히 증가했다. 이러한 물수요에 대처하기 위하여 정부는 그동안 대규모 댐을 건설하여 물공급량을 늘려왔다.

댐 건설에 따라, 날씨가 자연적으로 다소 가물다고 하더라도 그동안 생활 및 산업용수를 상당 정도 확보할 수 있었던 것이 사실이

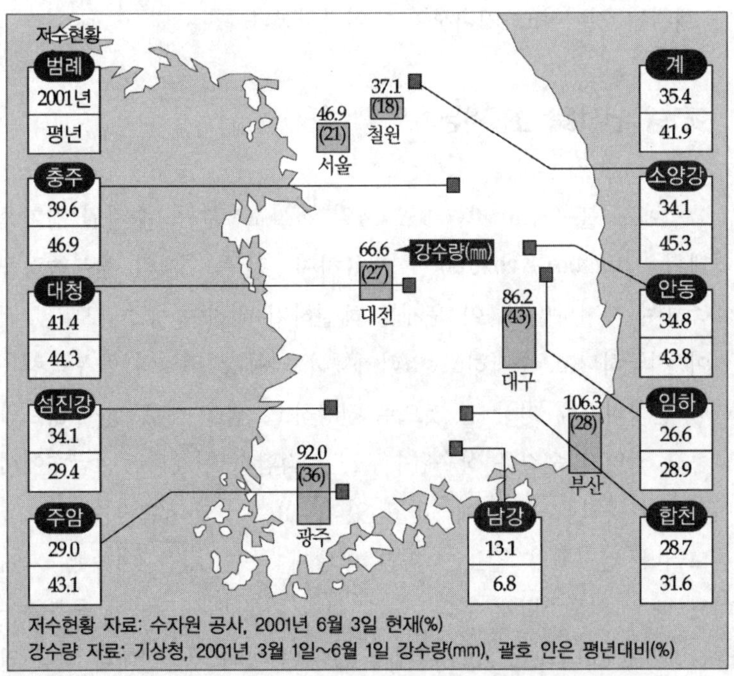

<그림 1> 다목적댐 저수현황 및 지역별 강수량

다. 그러나 다목적댐이라고 할지라도 주로 생활 및 공업용수의 공급에 우선 비중을 두고 있기 때문에 실제 하천의 유지수는 크게 줄어들었고, 이로 인해 가뭄이 들 경우 수도관에는 물이 흐를지 몰라도 하천은 완전히 말라버려 유지수와 농업용수의 공급은 크게 부족하였다.

이러한 대규모 댐 건설은 실상 홍수대책으로서도 그다지 큰 성과를 거두었다고 하기 어렵다. 홍수 범람시에 댐의 수량조절을 제대로 하지 못하여 오히려 더 많은 물을 방류하여 하류지역이 범람하는 사태를 종종 겪었기 때문이다. 따라서, 그동안 대형 댐 건설은 급증한 물수요에 대처하면서 부분적으로 가뭄이나 홍수에 다소 기여하였다고 할지라도, 이제는 추가로 댐을 건설한다고 해서 물문제가 해결될 것이라고 기대하기는 어려워졌다.

왜 댐 건설을 고집하는가?

그럼에도 불구하고 지난 5월 24일 건설교통부는 '수자원 장기종합계획 시안(2001~2020년)'을 발표하여, 전국 수계의 물부족량을 예측하여 제시하면서, 이 문제를 해결하기 위하여 중소규모 댐 건설이 시급하다고 주장하고 있다. 특히 낙동강 권역의 물부족량은 한강 권역의 7배 이상 될 것으로 전망하고, 댐을 새로 짓지 않으면 낙동강 권역의 수질은 상수원수로는 부적합한 현재의 3·4급수에서 벗어나지 못할 것으로 예측하고 있다(<표 1> 및 <그림 2> 참조).

그러나 건교부의 발표는 과연 어떻게 물수요량을 예측했는가에 대해 매우 의문스럽게 한다. 물론 현재 가뭄이 극심하여 물부족을 실감한다고 하더라도, 2006년에서 2011년 사이 낙동강이나 한강 권역의 물수요량이 왜 그렇게 폭증하는가에 대해서는 이해할 수 없다.

<표 1> 전국 하천의 물부족량 추정

(단위: 백만 톤)

하천유역	2001	2006	2011	2016	2020
합 계	△ 60	102	1,836	2,268	2,633
낙동강	65	129	748	889	1,000
한 강	12	22	769	966	1,191
섬진강	9	72	215	241	256
금 강	△ 146	△ 121	104	172	186

자료: 건설교통부, 2001, 수자원 장기계획(△: 잉여분).

사실, 이러한 건교부의 발표는 2001년 5월 시작하여 12월에 완료한 낙동강물이용조사단의 보고서와는 상당히 반대되는 주장이다. 낙동강물이용조사단은 갈수기반, 취수원반, 오염총량반 등으로 구성된 전문연구자들과 그 결과를 검토하기 위한 정책평가단으로 구성되었으며, 다소 시일이 부족하긴 했지만, 나름대로 조사분석한 결과를 제시한 바 있다. 이 결과에 따르면, 기존 댐을 최적운영할 경우 추가로 댐 건설을 하지 않더라도 용수공급 능력의 증대, 유역 물부족 감소, 그리고 하천 유지유량의 증대효과를 가져올 수 있는 것으로 판명되었다.

그렇다면 왜 건교부는 추가로 댐을 건설하려고 하는가? 몇 년 전에도 동강댐 건설계획이 환경단체와 시민들의 반대로 취소된 바 있으며, 최근에도 지리산댐을 건설하겠다고 제시하는 바람에 환경단체들뿐만 아니라 종교인들과 지식인들이 모여 이를 격렬히 반대하였다. 물론 추가 댐 건설이 일단 단기적으로 수자원의 확보가 용이하고, 다소나마 가뭄과 홍수에 대처능력을 가진다고 할 수 있다. 사실 우리 나라는 여름철에 연간 강수량의 2/3가 집중되어 있고, 또한 하천경사가 급하여 비가 오면 단시간에 물이 빠지는 지형을 이루고 있다. 따라서 하천의 중간 부분에서 물을 저수할 수 있는 시

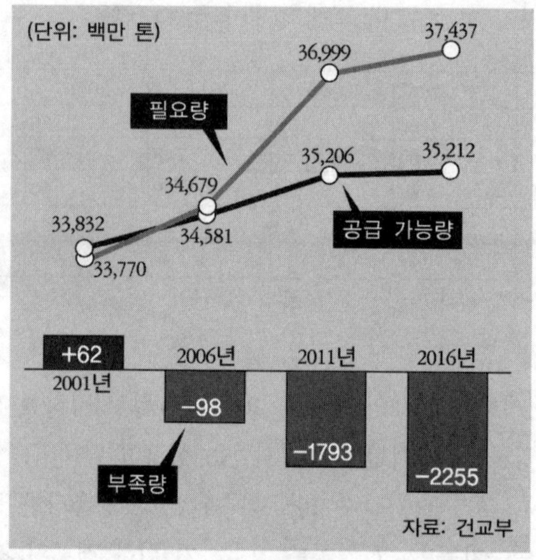

<그림 2> 건교부의 국내 물수급 예측

설들이 어느 정도 필요하다고 하겠다.

그러나 건교부가 추진하려고 하는 댐 건설은 자연환경을 완전히 무시한 채 공급만을 최우선으로 하는 정책, 즉 물의 양에만 초점을 둔 정책이다. 그동안 많은 댐을 건설했지만 하천의 오염이 오히려 심화된 것은 바로 이런 이유 때문이다. 뿐만 아니라 댐 건설은 기본적으로 엄청난 지역의 수몰을 전제로 한 것인데, 수자원공사는 쉽게 많은 물을 확보하기 위해 생태환경과 지형경관이 우수한 하천의 상류 물줄기를 막아서 댐을 만들려고 한다. 이러한 발상으로 동강댐이나 지리산댐 건설계획이 제시된 것이다.

이러한 건교부의 추가 댐 건설계획은 해당 지역 주민들과 시민 환경단체들을 불안하게 하면서 이에 대해 강력한 저지운동을 하도록 만들었다. 건교부는 이제 댐 건설보다는 다른 대안을 찾아야 할

댐 건설 저지를 위한 간담회: 건교부의 추가 댐 건설계획은 해당 지역 주민들과 시민환경단체들을 불안하게 하면서 이에 대한 저지운동으로 내몰고 있다.

것이다. 막을 수 있는 곳을 모두 댐으로 막은 후에도 물이 오염되고 모자란다면 어떻게 할 것인가? 책임질 사람은 아무도 없을 것이고, 그때는 이미 돌이키기 어려운 상황에 처할 것이다.

대안은 없는가?

환경도 살리고 물문제도 해결하면서 인류에게 지속가능한 개발의 대안이 될 수 있는 물관리 정책은 없는가? 분명히 전세계적으로 이제 댐 건설은 그만하자는 여론과 정책이 일반적이다. 단기적으로는 우선 댐 건설보다는 누수관리가 중요하다. 수천억 원을 들여서 환경파괴를 자초하는 대규모 댐을 건설하기보다는 누수가 심한 낡은 수도관을 바꾸는 것이 훨씬 효율적인 것으로 조사되었다. 2001년 5월 환경부가 마련한 물관리종합시책을 보면 우리 나라 물누수량은 16.1%로서, 선진국의 6~7% 수준으로 낮출 경우 2010년 물부족 예상량 9억 톤 가운데 6억 톤 이상을 확보할 수 있을 것으로 분석되었다.

또한 중단기적으로, 정부는 공급중심정책에서 수요관리정책으로 전환해야 한다. 우리 나라는 1인당 하루 물사용량이 395리터로 선진국보다 10~25% 더 많다. 따라서 다양한 방법으로 물사용량을 줄이면 앞으로 예상되는 물부족량의 상당 부분은 해소될 수 있을 것이다. 예로, 중수도 시설을 일반화하고, 절수변기를 이용해야 하며, 국민 모두가 물절약 캠페인을 벌여야 할 것이다.

수자원을 함양하여 녹색댐에 비유되는 산림: 계곡을 흐르는 하천 유량은 연간 용수 총이용량 301억 톤의 60%에 해당한다.

지금부터 장기적으로 시작해야 할 사항으로, 산에 더 많은 나무를 심고 푸른 숲을 가꿀 필요가 있다. 수자원을 함양하는 산림으로 이루어진 녹색댐 조성사업은 하천 유역을 막아서 인공적으로 만든 청색댐에 대한 대안이다. 우리 나라는 국토의 65%가 산림으로 이루어져 있기 때문에 대부분의 하천은 산림에서 발원한다. 따라서 산림은 이용가능한 수자원에 절대적인 영향을 미치고 있다. 우리 나라 산림의 계곡을 흐르는 하천 유량은 약 180억 톤으로 추정되며, 이는 연간 용수 총이용량 301억 톤의 60%에 해당한다.

산림은 ① 호우시 홍수유량을 경감시키는 홍수조절 기능, ② 가뭄이 들더라도 지속적으로 유지수를 확보할 수 있도록 함으로써 갈

수완화 기능, ③ 물을 깨끗하게 해주는 수질정화 기능을 가지고 있다. 그 외에도 산림은 그 자체로 자원이 되며, 또한 이산화탄소를 자연적으로 흡수하는 역할을 한다. 이러한 산림의 기능을 더욱 확대시키기 위하여, 산림을 더욱 가꾸고 울창하게 만들어나가는 사업이 지금부터라도 활발히 이루어져야 할 것이다.

녹색댐을 만드는 일이 무엇보다도 중요한 의미를 가지는 이유는 인간이 댐을 만들어서 자연을 파괴하고 인공적으로 물의 흐름을 통제하는 것이 아니라, 산림을 더욱 보전하고 가꿈으로써 자연과 공생하면서 살아가는 지혜를 담고 있기 때문이다.

(2001. 5. 28.)

참고문헌

댐반대국민행동. http://www.nodam.or.kr/intro/intro_index.htm.

박정규 외. 「2001년 봄가뭄 특성 분석」, ≪대기≫(한국기상학회보), 11(3).

박현철. 2001, "가뭄과 홍수, 댐 아닌 대안 있다", ≪함께 사는 길≫, 8월호.

정용호. 1998, 「녹색댐을 이용한 수자원 증대방안 — 물정책 이렇게 바꾸자」, 경실련 환경개발센터.

최병두. 2001, 「댐 중심 수자원정책의 문제점과 개선방안」, ≪한국공간환경≫, 2(2).

한국수자원공사. 2002, 「우리의 물 미래의 물」.

유월

유월 첫번째

점점 늘어나는 소음공해와 피해대책

최근 들어 생활에 큰 불편을 느끼게 하는 각종 소음이 점점 더 늘어나면서 사람들의 짜증을 부채질하고, 심지어 신체적으로도 영향을 미치고 있다. 특히 날씨가 더워지면서 소음공해에 대해 더 많은 신경을 쓰게 되었다. 더위로 인해 가정에서 창문을 열어두고 생활하게 됨에 따라, 외부 소음이 집 안에까지 영향을 미치게 되었기 때문이다. 소음이 심하면 난청증상과 만성피로, 어지럼증, 목·어깨 등의 통증과 무기력증 등 신체적 이상이 생긴다. 가축의 경우 배란이 잘 되지 않거나 유산을 하기도 한다.

소음공해에는 여러 가지 유형이 있다. 자동차·기차·항공기 등과 같은 교통수단은 이동형 소음을 유발하고, 공장이나 건설현장에서 발생하는 소음은 고정형이다. 공장이나 건설현장 소음은 작업장 주변 일정 거리 내에 영향을 미친다는 점에서 비교적 국지적이라고 할 수 있다. 이러한 소음을 유발하는 공장의 입지는 학교, 종합병원, 공공도서관, 공동주택의 주변 지역 및 주거지역에서는 허가제로, 그리고 나머지 지역에서는 신고제로 규제되고 있다.

교통소음은 발생소음도가 높을 뿐만 아니라 이동하기 때문에 그 피해지역도 광범위하다. 자동차는 도로망의 확장과 차량대수가 급증함에 따라 대도시의 주요 소음원으로 주목받고 있다. 항공기 역시 운항항로 신설 및 운항횟수의 급격한 증가로, 그 소음피해가 공항 주변 지역의 주요한 환경문제가 되고 있다. 그 외에도 과거에는 교회 및 공공기관에서, 그리고 최근에는 이동행상이나 신장개업을 알리기 위한 확성기 소음이나 기타 유흥업소 소음 등도 상당한 피해를 주고 있다.

일상화된 소음공해

이러한 소음공해는 거의 일상화되었으며, 실제 환경분쟁에서 가장 큰 비중을 차지하고 있다. 흔히 대기오염이나 수질오염이 환경분쟁을 유발하는 주요 원인이라고 생각하겠지만, 실제 발생건수로 보면 소음 및 진동으로 인한 분쟁이 전체의 70%를 상회할 정도이다. 특히 2000년 소음피해로 인한 민원은 모두 7,480건으로 1999년(5,102건)에 비해 46.6% 증가한 것으로 나타났다. 이러한 소음은 여러 가지 측면에서 피해를 입힌다.

우선 생활상의 피해로, 우리는 자동차의 소음으로 대화나 전화통화의 방해를 받은 경우를 흔히 경험하고 있다. 또한 정신력을 집중할 수 없기 때문에 공부를 하거나 작업할 때 능률저하를 가져오며, 수면방해를 일으켜 밤잠을 설치게 한다. 또한 심리적 영향으로, 자동차의 경적음이나 비행기의 돌발적인 굉음은 사람을 깜짝 놀라게 하면서 아주 귀찮게 하거나 매우 큰 불쾌감을 수반한다.

뿐만 아니라 신체적·생리적 현상으로, 소음이 심하면 청각세포에 장애를 일으켜 소음성 난청을 초래하며, 소음성 스트레스는 자율신경계를 통한 내분비계에 영향을 미침으로써 맥박의 증가, 혈압 상승, 동공의 확대, 소화운동의 억제, 말초혈관의 수축 등을 발생시킨다. 나아가 이러한 소음은 성선자극 호르몬의 분비를 촉진하고 생식기능을 억제하는 작용을 하는 것으로 알려져 있다.

소음의 측정단위로 데시벨(dB)을 사용하는데, 자동차 안의 소리는 60dB, 전화 벨소리는 70dB, 지하철 안이나 시끄러운 공장 내의 소음은 80~90dB 정도이다. 그런데, 60dB의 소음공해에 10분간 노출된 사람은 위의 수축횟수가 약 10% 감소하고, 80dB에 노출된 사람은 37%나 감소할 뿐만 아니라 수축의 힘도 크게 약화된다고 한다.

대구지역의 소음공해

대구지역의 소음공해는 다른 지역에 비해 더 심한 편은 아니라고 할지라도, 다른 대도시들과 더불어 환경기준치를 초과하고 있다. 환경부가 발표한 자료에 의하면, 2000년 우리 나라 도시의 환경소음도를 측정한 결과 도로변의 주거지역에서 소음도는 광주가 72dB, 서울과 부산이 71dB, 수원과 청주가 70dB, 그리고 대구가 69dB로 집계되었다. 대도시의 도로변 주거지역 주민들은 70dB 정도, 즉 전화 벨소리와 유사한 수준의 소음에 항상적으로 노출되어 있으며, 이로 인해 지속적인 소음 스트레스를 받고 있다.

또한 도로변이 아닌 일반 주거지역에서도 소음도는 부산이 56dB, 대구가 55dB, 서울이 53dB, 그리고 인천이 54dB로 측정되었다. 환경기준은 도로변 주거지역이 65dB, 도로변이 아닌 주거지역은 50dB이다. 그러니까, 대구뿐만 아니라 대부분의 대도시지역들은 소음환경기준을 초과하고 있다. 특히 대구에는 경부선 철로가

<표 1> 공항별 소음도

(단위: WECPNL)

구분		김 포	김 해	제 주	대 구	광 주
2001년 4/4분기	최 대	85.1 (신월동)	81.3 (딴치)	80.8 (용담3동)	94.0 (신평동)	92.5 (송대동)
	최 소	62.0 (월정초교)	69.4 (배영초교)	67.9 (도평동)	77.9 (방촌동)	80.8 (본덕동)
2002년 1/4분기	최 대	85.3 (신월동)	80.0 (딴치)	81.3 (도두1동)	90.0 (신평동)	90.0 (송대동)
	최 소	62.3 (사우고교)	67.7 (초선대)	68.5 (도평동)	76.9 (방촌동)	75.2 (덕홍동)

자료: 환경부, 2002, 「2002년도 1/4분기 항공기 소음도 보고」.

도시 중심부를 통과하기 때문에, 이로 인해 도심의 발달이 저해될 뿐만 아니라 기차 운행이 도시 소음의 주요 원인이 되고 있다.

대구지역에서 나타나는 여러 가지 소음공해들 가운데, 특히 많은 민원을 발생시키고 있는 것은 최근 국제공항으로 승격한 대구공항 주변의 항공기 소음공해이다. 물론 대구공항의 소음공해는 국제공항이 되기 전부터 심각했다. 지난 1998년 및 1999년의 자료에 의하면, 항공기소음도 측정 단위인 WECPNL[*]로 계산하여, 김포공항 주변 소음이 89~71 정도였고, 김해공항 주변은 91~73 정도였는데, 대구공항은 국제공항이 아닌데도 86~73 사이였다.

최근(2001년 5월) 대구공항이 국제공항으로 승격된 이후, 대구공항의 소음도는 우리 나라의 다른 공항들에 비해 가장 높은 것으로 조사되었다. 즉 2001년 4/4분기에 대구공항의 소음도는 77.9~

---

*) WECPNL(Weighted equivalent continuous perceived noise level)은 다수의 항공기에 의해 장기간 노출된 소음의 척도이다. 항공기의 운항횟수, 운항시 소음도, 소음지속시간, 소음발생시간 등을 감안하여 지속적인 소음에 의한 피해 정도와 동일한 단위로 환산한 것으로서 한국과 일본에서 사용하고 있다.

94.0이었고, 2002년 1/4분기에는 다소 줄어 76.9~90.0이었지만, 이러한 수치는 김포나 김해, 제주에 비해 10 이상 높은 수치였다. 국제공항 승격 이후 대구공항의 소음도가 심화된 것은 항공기의 운항횟수와 기종의 변경 때문일 것으로 추정해볼 수 있다.

항공법에 따르면, 항공기소음공해지역은 소음피해지역(1종 95 이상, 2종 90~95 사이)과 소음피해예상지역(즉 3종 구역)으로 분류된다. 대구공항 주변 지역은 제3종 구역이라는 이유로, 정부는 피해보상은 물론이고 최소한의 방음공사 등 아무런 대책도 마련하지 않고 있다. 그러나 일본의 항공기소음기준으로 보면, 상가의 경우는 75 이하, 그리고 주거전용지역의 경우는 70 이하로 되어 있다.

군용 항공기의 소음공해

대구공항의 소음이 특히 문제가 되는 이유는 소음의 약 90%가 군용기에 의해 발생한다는 점이다. 전국적으로 민간 항공기가 이용하는 공항은 모두 17개소로, 이 가운데 12개소가 민간 및 군용 항공기의 혼용공항이고, 군전용 공항이 33개소가 있다. 한 혼용 비행장의 경우 최대 평균소음도를 측정한 결과, 민항기는 89.9~65.7dB인 반면, 군용기는 105.0~74.9dB로 나타났다. 군용 공항의 경우, 군용기에 의한 소음공해뿐만 아니라 민간 항공기 전용공항에 비해 건축물의 고도제한 등 규제가 훨씬 강하기 때문에 인근 주민들에게 보다 많은 피해를 입히고 있다.

대구공항 주변 주민은 4만 가구 13만여 명으로 추산되고 있다. 이 주민들은 대구공항의 소음피해 대책을 즉시 세우는 한편, 공군 비행장의 전투기 소음도 생활소음 허용기준법(소음진동규제법)에 포함시켜야 한다고 주장하고 있다. 그러나 현행 항공법은 민간공항만

국제공항으로 확장된 대구공항: 도심에 인접하여 확장되기 이전에도 소음공해를 유발했던 대구공항은 국제공항으로 확장된 후 더욱 심각한 소음공해를 유발하고 있다.

주택가 위를 비행하고 있는 군용기: 군용기에 의한 소음은 자동차나 주택 안에 있는 사람까지 놀라게 할 정도로 심각한 굉음을 유발한다.

을 대상으로 하고 있기 때문에, 항공법상 제3종 구역에 해당하는 대구공항 주변 지역은 건교부가 지정고시하는 소음피해예상지역에서 제외되어 아무런 지원을 받지 못하고 있는 실정이다.

다른 한편, 대구에서는 도심 한가운데 위치한 미군기지의 헬기 소음도 심각한 문제로 제기되고 있다. 즉 남구 대명동 A-3비행장 인근 주민들이 헬기장 소음으로 인해 많은 피해를 입고 있다는 사실은 이제 잘 알려져 있다. 헬기장 소음과 진동으로 수십 년 동안 심리적 압박이나 불쾌감은 물론이고, 지붕이 날아가고 벽이 갈라질 정도로 심각한 피해와 고통을 겪고 있다. 특히 지난 2월 초부터는 일부 헬기 대기장소를 주택가 쪽으로 더욱 가깝게 옮기는 바람에 소음과 진동이 더욱 심해졌다고 한다.

이곳 주민들에 대한 설문조사에 의하면, 근접지역 거주자들은 '시끄럽다', '짜증이 난다', '수업이나 업무가 중단된다'는 등 소음 관련 물음에 대해 소음의 영향이 거의 없는 대조지역 거주자들에 비해 응답점수가 두 배 가량 높게 나타났다. 이러한 이유로 미군기지 주변 주민들은 오래전부터 피해보상과 더불어 헬기장의 외곽지역 이전 등을 요구하고 있다. 최근 미군기지되찾기시민모임과 대구

<표 2> 미군기지의 소음에 대한 주민들의 반응(최고 10점)

응답내용	근접지역 거주자 (171명)	외곽지역 거주자 (129명)	대로지역 거주자 (126명)
시끄럽다	7.81	5.71	3.91
성가시다	7.47	5.47	3.89
짜증이 난다	7.75	5.69	3.95
주의집중이 안 된다	7.42	5.35	3.83
능률이 떨어진다	7.20	5.26	3.64
수업이나 업무가 중단된다	6.93	4.80	3.31

자료: 인도주의실천의사협의회, 2002, 미군기지 인근지역 주민의 건강피해에 대한 실태 조사.

경북인도주의실천의사협의회는 주민들을 대상으로 미군 헬기의 소음공해에 따른 피해 여부를 밝히기 위하여 역학조사를 실시하고, 올해 안으로 소음피해에 따른 보상을 청구하기 위해 민사소송을 제기할 방침이라고 밝힌 바 있다.

항공기 소음공해에 대한 대책

그동안 미군기지 주변에서 발생하는 소음에 대해 피해보상 요구는 불평등한 한미행정협정(이른바 SOFA 주둔군지위협정)으로 엄두를 낼 수 없었다. 그러나 지난 2001년 4월 매향리 미공군 사격연습장 인근 주민들이 폭격훈련 소음 때문에 발생한 피해에 대해 국가를 상대로 낸 소송에서 승소한 것이 소중한 계기가 되었다. 이 판결은 미군의 군사시설이나 훈련으로 인한 피해를 처음으로 공식 인정하고 국가의 배상을 명령한 것이어서 앞으로 유사사건 판결에 결정적인 전례가 될 것으로 예상된다.

또한 2001년 6월 환경부 산하 중앙환경분쟁조정위원회는 충남 논산의 항공학교 인근 사슴목장에 대해 "헬기 소음으로 사슴이 죽는 등 피해를 보았음"을 인정하고 국가가 2,000여 만 원을 배상하도록 결정했다. 사실 항공기 소음으로 인한 사슴 폐사에 대한 보상 인정은 이번이 처음이다. 이 판결 역시 앞으로 일반 공항주변 항공기 소음피해에 대한 지역 주민들의 보상요구에 상당한 영향을 미칠 것으로 생각된다.

이러한 점에서 2001년 2월에는 대구경북 항공기소음피해대책주민연대가 발족하였다. 이 모임의 창립선언문에서 밝힌 바와 같이, "공항지역 주민들은 일상적인 대화의 어려움, 난청, 고혈압 등 각종 고통"을 받고 있으며, 이러한 피해를 유발하는 항공기 소음으로

부터 벗어나기 위해 연대를 결성했다고 한다. 항공기 소음피해대책 주민연대는 그동안 해당 지역주민들이 항공기소음으로 인해 얼마나 큰 고통을 받고 있었던가를 알 수 있게 한다.

그리고 이러한 민원이 계속 발생함에 따라 2001년 4월에는 관련 국회의원들이 모여서, 대구와 포항, 예천공항 등 군용 및 민간 혼용 공항에 인접한 주민들의 피해보상을 위한 관련법의 재개정을 추진하기로 했다. 이에 대해 건교부는 "혼용공항에서 민간 항공기가 사용하는 부분만큼의 보상금을 부담할 용의가 있다"고 밝혔지만, 국방부가 주도적으로 나서야 보상이 이루어질 수 있다고 했다. 최근 국방부와 공군본부는 전국의 군용기 소음피해에 대한 주민 보상을 위한 실무팀을 구성했다고 한다.

앞으로는 자동차나 기차·항공기 소음공해와 같이 사회적으로 발생하는 문제로 인한 피해를 특정 지역 주민들에게 참아달라고 하기는 어려울 것이다. 우선 피해상황을 철저히 조사하여 정당한 보상을 해주어야 할 것이고, 무엇보다도 그 원인을 줄이기 위해 다함께 노력해나가야 할 것이다.

(2001. 6. 5.)

참고문헌

미군기지되찾기 대구시민모임. 2002, 미군기지 주변 지역 주민건강실태 조사 결과, http://www.inews.org/Snews/articleshow.php?Domain=apsan&No=137.

유승도. 2001, 「항공기 소음」, 환경운동연합 환경정보(자료).

이명숙 외. 1997, 「대구지역 경부선 철도주변의 소음실태와 특성」, ≪한국환경과학회지≫, 6(1).

환경부. 2002, 2002년도 1/4분기 항공기 소음도 보고(자료).

가뭄을 극복하기 위한 물수요 관리

지난 2001년 3월 이후 4개월 동안 계속되는 가뭄으로, 하천이 말라붙고, 저수지가 바닥을 드러내고 있다. 6월 11일 현재, 경북도 주요 댐의 저수율은 안동댐 31%(예년 43%), 임하댐 26%(28%), 영천댐 28%(37%) 등이고, 도내 5,638개소의 저수지 평균 저수율은 57%(예년 68%)로 크게 떨어졌다. 전국적으로 보면 대형 댐의 저수율은 10~30% 정도이고, 전국 저수지 가운데 2%는 이미 완전히 바닥을 드러내었으며, 44%는 저수율이 절반 이하여서 퍼낼 물도 점차 줄어들고 있다고 한다.

이와 같이 전국적으로 하천과 저수지들이 말라가고, 농토가 햇볕 아래 갈라지면서 농작물이 타들어가고 있다. 이번 가뭄으로 농작물에 미치는 피해가 막대하여, 고추나 마늘 등 밭작물의 경우 수확이 예년에 비해 40~50% 이상 감소할 것으로 예측되고 있다. 또한 굴착기나 양수기를 동원하여 논에 겨우 물을 대고 모내기를 한 경우라고 할지라도, 계속 물을 공급할 수 없기 때문에 모가 뿌리를 내리지 못하고 말라가고 있다. 이미 논바닥이 갈라져, 아예 모내기를 포기한 농민들도 상당수 있다고 한다.

농민들은 지원 나온 군인이나 공무원들과 더불어 횃불을 들고 야간 양수작업을 하면서까지 가뭄 극복에 안간힘을 쏟고 있다. 그러나 양수기 재고도 이제 바닥이 났고, 관정을 뚫거나 양수작업을 해도 물이 부족하기 때문에, 심지어 물을 사서 못자리 논에 대는 사례도 있다고 한다. 뿐만 아니라 가뭄피해지역이 확대되어 식수와 생활용수난을 겪고 있는 지역도 크게 늘고 있다. 환경부에 따르면 6월 8일 현재 전국에 4만 4,000여 가구, 16만 명이 제한급수를 받고 있으며, 지역별로는 경북이 11개 시군에 걸쳐 가장 많다고 한다.

계속되는 가뭄의 원인

이번 가뭄은 기상관측소가 관측을 시작한 이래 가장 심각한 가뭄이라고 한다. 심지어 북한에서는 이번 가뭄이 "기상관측을 시작한 이래 역사적으로 있어보지 못한 현상으로 1천년에 한 번이나 있을 정도의 왕가뭄"이라고 말했다. 물론 『조선왕조실록』에 의하면, 숙종 46년(1720년)에는 달천의 상류로서 큰가뭄에도 마르지 않는 청천강 물이 5리 가량이나 끊어졌고, 인조 42년(1664년)에는 경상도 가뭄으로 낙동강 물줄기가 끊겼다는 기록이 남아 있다. 그 외에도 크고 작은 가뭄들로 인해 농사에 큰 피해를 입고 농부들의 고통이 극심했음을 적어놓고 있다.

그러나 근대사회로 전환한 이후 가뭄은 더 심해진 것처럼 보인다. 공기 중의 이산화탄소 등 온실가스로 인한 지구온난화현상이 전 세계에 기상이변을 유발하는 것은 이미 과학적 사실로서 확인되었다. 특히 동아시아지역에서는 중국 대륙 내부에 사막화가 진척되

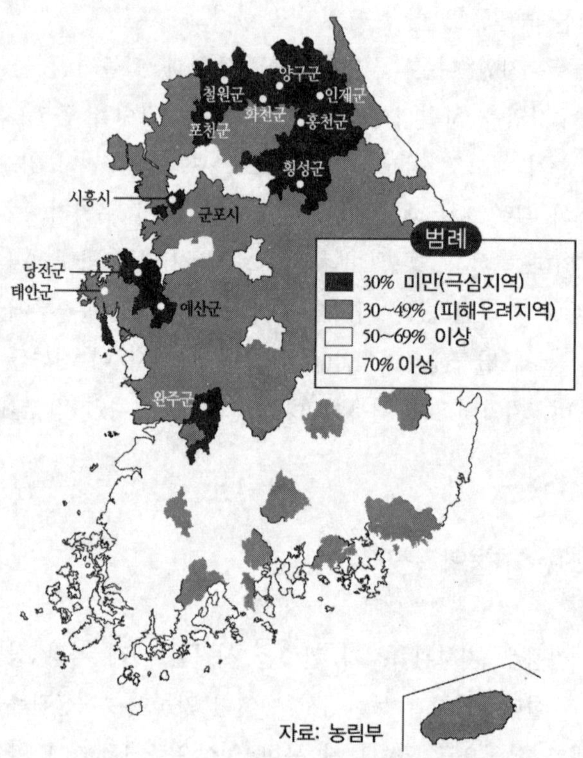

<그림 1> 전국 저수지의 저수율 현황
(2001년 6월 9일 현재)

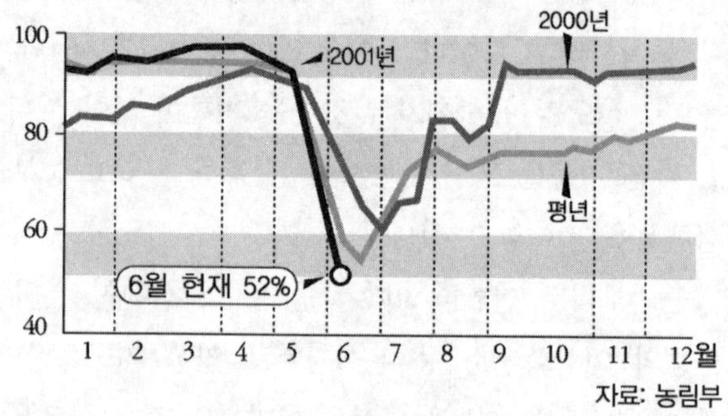

<그림 2> 5월 중순부터 급락하는 저수율

면서, 이 지역에서 형성된 고기압대가 우리 나라 봄철에 발생하는 황사현상뿐만 아니라 이번 가뭄의 원인으로 지목되고 있다.

기상청의 보도에 의하면, 전반적인 지구온난화와 더불어 중국 북서부 내륙에서 과거에 비해 현저히 강한 고기압이 발달하여, 남쪽에 있는 해양기단을 밀어내면서 수증기 유입을 억제하기 때문에 동북아지역 전반에 걸쳐 극심한 고온건조현상이 지속되고 있다고 한다. 보통 우리 나라는 5월이 되면 이러한 건조 대륙기단의 영향권에서 다습한 해양기단의 영향권으로 전환하지만, 올해는 중국 내륙에서 기원한 이 고기압의 세력이 워낙 강하여 가뭄 현상이 6월 초순까지 지속되고 있는 것이다.

이와 같이 가뭄이 계속됨에 따라 물이 부족한 지역, 특히 모내기를 제대로 하지 못한 농촌이나 제한급수를 받는 도시지역에서는 공무원과 군장병까지 동원하여 물을 확보하는 등 모든 노력을 기울이고 있다. 그러나 수원이 고갈되어 한 방울의 물이라도 긴요하다고 할지라도, 이 과정에서 가뭄으로 인해 훼손된 생태계를 더욱 파괴하거나 환경을 더욱 오염시키는 일은 없어야 할 것이다.

또한 당면한 가뭄이 비록 자연적 현상이라고 할지라도, 또다른 의미에서 가뭄은 사회적 개념이라고 할 수 있다. 사막은 1년 내내 건조해도 가뭄이란 단어가 없다고 한다. 아무리 비가 많이 오고 물이 많다고 하더라도 그것을 제대로 관리하여 사용하지 못한다면 항상 가뭄이라고 할 것이다. 반면 숲이 우거져서 산림이 수분을 많이 함유하고 있으며, 하천관리가 잘되어 물의 흐름이 계속 유지된다면, 그리고 도시의 각 가정이나 업소, 공공기관 등에서 물절약과 재사용을 생활화한다면, 설령 비가 적게 오더라도 결코 가뭄이라고 할 수 없을 것이다. 따라서 이제는 물수요 관리에 더 많은 관심을 가져야 할 때라고 할 수 있다.

가뭄 극복 과정에서도 고려되어야 할 생태계

이번 가뭄으로 하천의 생태계도 크게 변했다고 한다. 가뭄으로 하천의 물길이 끊기면서 군데군데 물이 고여 있고, 이마저도 점차 말라가고 있다. 이로 인해 한탄강에는 얼마 전에만 해도 뛰놀던 메기·꺽지·어름치들이 자치를 감추었고, 산란철을 맞은 물고기들이 알을 낳을 장소마저 찾지 못하고 있다고 한다. 이러한 경향은 양수를 위하여 하천을 굴착하는 과정에서 더욱 심화되고 있다. 가뭄으로 말라붙은 강바닥을 대형 포크레인이 굉음을 내며 파헤치면서 생태계의 파괴가 가중되고 있는 것이다.

물론 하천의 어류나 생태계를 보호하는 것보다도 당장 타들어가는 논밭에 물을 대는 것이 더 중요하다고 볼 수도 있다. 다시 하천에 물이 흐르면 어류가 되돌아올 것이라고 기대할 수도 있기 때문이다. 그러나 한번 생태계가 파괴되고 나면, 회복되는 데는 상당한 시일이 소요된다. 따라서 비록 양수작업을 한다고 할지라도, 생태계를 최대한 고려해서 작업이 이루어져야 할 것이다. 특히 이렇게 말라가는 하천에 처리되지 않은 생활하수나 공장폐수가 유입되지 않도록 철저히 단속하는 것은 무엇보다도 중요하다.

다른 한편, 최근 하천이나 저수지의 물이 고갈되는 원인 가운데 하나는 상류지역에서 흘러온 토사의 퇴적으로 바닥이 높아졌기 때문이다. 저수지의 경우 토사의 유입으로 연평균 0.2~1%씩 줄어들고, 특히 산간지역 소형 저수지는 홍수 때 토사유입이 많은데도 그동안 준설을 하지 않아 저수량이 크게 줄었다고 한다. 또한 하천의 경우, 우리 나라 하천의 대부분은 주변 농경지에 비해 하천이 더 높은 천정천의 특징을 보이고 있다. 이 때문에 강바닥이 지하수 수위보다 높으면, 지하에 물이 있어도 하천에는 물이 흐르지 않게 된

토사의 퇴적으로 바닥이 높아진 하천: 주변 농경지에 비해 하천이 더 높아진 천정천은 조금만 비가 와도 범람하고 가물 때는 물을 저수할 수 없어 피해가 커진다.

다. 또한 강이나 저수지의 바닥이 높아지면, 조금만 비가 와도 강이 범람하고, 가물 때는 물을 저수할 수 없어 피해가 커진다.

이러한 하천 및 저수지의 퇴적토사를 파내는 일이 매우 중요하다. 특히 가뭄 시기에 준설작업을 하면, 물이 차 있을 때보다 공사비가 80% 정도밖에 안 든다. 바닥에 쌓인 진흙이나 모래를 파내면 유량이 커져서 장마철 홍수에 대비할 수도 있고, 담수능력이 확대되어 장차 가뭄의 피해도 줄일 수 있다. 그러나 이러한 준설작업은 계획적이고 체계적으로 이루어져야 하고, 특히 바닥만 파내면 되는 저수지 준설에 비해 하천 준설은 보다 기술적이어야 한다.

그동안 골재채취업자들을 통해 토사를 판매할 목적으로만 이루어진 준설작업은 이제 재고되어야 하며, 물의 속도와 방향, 강폭, 상·하류의 댐 등을 감안해서 준설을 해야 할 것이다. 이러한 준설작업이 체계적으로 이루어진다면 홍수도 막고 갈수기에 충분한 유량을 확보할 수도 있으며, 또한 강바닥에 퇴적된 오염물질들을 건어내어 수질오염문제도 어느 정도 해결할 수 있다.

그리고 지하수를 이용하여 논밭에 물을 대기 위해 관정을 계속 뚫고 있는데, 이후의 관정관리도 매우 중요하다. 가뭄 극복을 위하여 관정작업이 전국적으로 이루어지고 있으며, 경북 곳곳에서는 양수기와 굴삭기 등 장비 20만 대가 관정개발에 동원되고 있다고 한다. 그리고 극심한 가뭄으로 하루만에 500여 곳의 하천을 판 것을 비롯하여 지금까지 7,000여 개 관정에서 물을 끌어내어 모내기와 밭작물용으로 공급하기도 했다. 경북도는 이러한 관정 파기와 하천 굴착 등 농업용수원 개발비로 2001년 240억 원을 지원했다.

물론 현재로서는 물 나올 만한 곳을 찾지 못하여 관정작업도 어렵다고 하지만, 또다른 문제는 이렇게 관정을 한 구멍들을 물이 나오든 그렇지 않든 간에 그대로 방치해서는 안 된다는 점이다. 만약 가뭄 때 뚫은 관정을 그대로 방치할 경우, 지표의 오폐수들이 지하수로 곧바로 침투하여 지하수를 크게 오염시킨다. 지표수와 달리 한번 오염된 지하수가 깨끗해지기 위해선 훨씬 더 오랜 시일이 걸린다.

가뭄 극복을 위한 물절약 운동

가뭄 극복을 위해 농촌 주민들은 혼신의 노력을 다하고 있다. 그러나 도시생활은 어떠한가? 수도꼭지만 틀면 물이 나오니, 도시인들은 물의 귀중함을 잊어버리고 있다. 물론 이번 사상 최악의 가뭄을 극복하기 위하여 도시에서는 자발적인 농촌돕기 운동과 자체 절수운동을 전개하고 있다. 도시인들이 직접 급수차량을 동원하여 농촌지역으로 물을 공급하고 있고, 성금을 모아서 가뭄 극복에 필요한 양수기 등 농업용수 개발을 위한 경비를 보내고 있다.

또한 도시의 가정이나 서비스업소, 그리고 공공시설 등에서도 물을 아끼기 위한 다양한 방안들이 제안되고 있다. 우선 일상생활을 위하여 기본적으로 사용해야 할 물은 사용한다고 하더라도, 낭비는 하지 말아야 할 것이다. 가정에서 사용하는 물의 용도를 보면, 수세식 화장실용이 27%로 가장 많고, 다음이 음료·취사 21%, 세탁용 20%순이다(<그림 3> 참조). 이러한 용도별 사용에서 보면, 화장실 변기에 벽돌 한 장씩만 넣더라도 물사용량이 크게 줄어들고, 양치질할 때 컵을 사용하기, 세면대에 물 받아 쓰기 등을 통해 물을 아껴쓸 수 있다. 그리고 한 번 사용한 물을 다른 목적으로 한 번 더 사용하거나 또는 세탁기 대신 손빨래를 하는 경우도 물을 절약할 수 있다.

물을 많이 쓰는 목욕탕이나 실내 수영장 등에서는 특히 물사용량을 줄이기 위하여 적극 노력해야 할 것이고, 식당 등과 같은 업소에서도 물을 아껴쓰도록 해야 한다. 공공기관에서도 물을 아껴쓰는 방안들을 강구해야 한다. 예로, 초·중등학교에서 수도꼭지 아래 물을 담는 용기가 없이 그냥 손을 씻기도 한다. 이런 경우 쓰고 버

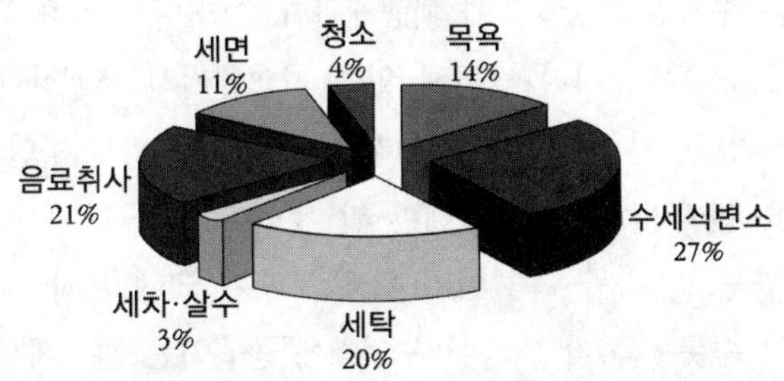

<그림 3> 가정수도의 용도별 물사용 비중

리는 물을 모아서 걸레를 빨거나 화단에 물을 주도록 교육할 필요
가 있다. 어느 학교에서 수도꼭지에서 떨어지는 물방울을 받았더니
20분만에 페트병 한 병을 채웠다고 한다. 이러한 물을 그대로 방치
할 경우, 1년에 500톤의 물이 낭비된다.

다소 불편하더라도 물을 절약하는 버릇을 어릴 때부터 가지도록
하여 생활습관화하도록 하는 것이 중요하다. 또한 장기적으로 도시
의 물이용 방식을 자체 순환형으로 바꿔나가야 할 것이다. 이를 위
해 중수도시설뿐만 아니라 가정에서 빗물을 이용하는 방안도 있다.
일본에서는 집집마다 빗물 탱크를 설치하는 것이 보편화되었다고
한다. 빗물 탱크 안에 먼지 등 이물질이 함유되어 있지만, 이를 걸
러내면 화장실과 청소·설거지 등 생활용수로 다양하게 활용할 수
있기 때문이다.

물수요 관리정책으로 전환

가뭄 극복을 위한 물절약 운동은 개인적 차원뿐만 아니라 정부
의 제도적 차원으로 확대되어야 할 것이다. 사실 그동안 정부는 급
속한 산업화와 도시화에 요구되는 물을 공급하기 위하여 댐 건설
등과 같은 수자원 개발정책에 치중해왔다. 그러나 이러한 물공급중
심정책으로는 우리 나라가 처해 있는 자연지리적 조건상 더 이상
공급량을 확대하기 어려운 상황이라면, 새로운 물확보 방안과 더불
어 물수요 관리정책으로 전환해야 할 것이다.

우선 수돗물의 누수를 줄이기 위해 노후관 교체가 시급하다. 현
재 생산된 수돗물을 각 가정이나 업소에 공급하는 과정에서 약 10
억 톤의 물(전체 공급량의 16.1%)이 누수로 사라지고 있다. 서울의
경우 공식적인 누수율은 14.1%로, 연간 2억 5,000만 톤 이상이 새

어나가 연간 1,102억 원의 시민의 돈이 허비되고 있다고 한다. 하지만 여기에 도로공사와 같은 다른 공사로 인해 흘러보내는 양이나 잘못 계측된 양을 말하는 원인불명이 연간 1억 6,700만 톤, 전체 생산량의 9.4%에 이른다. 서울에서만 연간 생산량의 23.5%, 4억 톤이 넘는 수돗물이 아깝게 흘러나가고 있는 것이다.

이러한 누수율을 대폭 줄이기 위하여 노후관 개량사업을 더욱 철저히 시행해야 한다. 그러나 일부 지자체에서는 예산이 많이 소요되는 이러한 노후관 교체사업에는 관심을 보이지 않고 있다. 그러다 보니, 심지어 2000년 한 해 동안 24개 시·군에서 노후관 개량을 위해 책정된 사업비 가운데 223억 원이 사용 포기되었다고 한다. 이는 지방자치제의 실시 이후 전시효과가 없는 노후관 개량사업 등을 외면하고 있기 때문이다. 수도관 교체사업은 전체적으로 하지 않고 부분적으로만 개선할 경우, 수도관의 높은 수압 때문에 나머지 부실한 지점이 또 터져버려 결국 같은 양의 수돗물이 새나가게 된다. 따라서 노후 수도관 교체를 위한 집중적이고 적극적인 투자가 시급하다.

또한 각 지자체에서는 물절약정책을 의무적으로 마련하여 추진해나가야 할 것이다. 예로, 물을 다량으로 사용하는 건물, 즉 목욕업과 숙박업, 대형 백화점 등에는 중수도 설치와 절수기 사용을 의무화하고, 빗물 이용시설의 설치에 대해서도 이제는 고려해보아야 할 것이다. 종합운동장이나 실내체육관 등 지붕면적이 넓은 건축물에는 빗물 이용시설을 의무적으로 설치하도록 하고, 이를 이용하여 화장실 세정수, 청소용수 및 잔디용수 등으로 활용할 수 있도록 해야 한다.

사실 이러한 물절약 방안들은 이제는 잘 알려져 있다. 그럼에도 불구하고 물위기 의식을 가지지 못할 경우 기존의 시설들을 개선하는 일들이 귀찮게만 느껴질 것이다. 이러한 점에서 정부에서 물절약 시행방안을 체계적으로 제도화하고, 만약 이를 시행하지 않을 경우 상응하는 벌금이나 제재를 가할 필요가 있다. 물론 이러한 정부의 강제가 없는 상태에서도 건물주나 업소, 개발업자들이 자발적으로 시행할 수 있는 물절약 정신을 확대시켜나가야 할 것이다.

(2001. 6. 12.)

참고문헌

박희경 외. 2000, 「지속가능한 개발을 위한 실천과제: 물절약」, 한국물환경학회, 2000년도 공동 춘계 학술발표회 논문집.

윤제용. 2000, 국내 용수 재이용 특성과 물절약, http://www.kfem.or.kr/kfem/water/paper/yun.htm.

이인현. 2001, 생활양식 변화를 통한 물절약, http://water.kfem.or.kr/paper/leeihhyun.htm.

주봉현. 2000, 「물절약 종합대책」, 한국환경사회정책연구소 주최 물절약 범국민운동 활성화를 위한 워크샵.

대형 댐 건설은 이제 그만

가뭄이나 홍수와 같은 자연재해는 개인의 능력으로는 적절하게 대처하기 어렵기 때문에 국가적 차원에서 대책을 마련해야 한다. 그러나 정부의 자원 및 환경 관리정책은 여론을 무시한 채 특정 정부 부처의 일방적인 계획에 의해 졸속으로 이루어져서는 안 될 것이다. 특히 대형 댐의 건설은 물을 저장·관리하는 능력에 따른 혜택보다는 많은 비용과 자연생태계의 파괴로 인한 피해를 더 많이 초래할 수 있다는 점에서, 최근 들어 많은 반대에 부딪히고 있다.

그럼에도 불구하고 2001년 6월 12일 건교부는 2011년까지, 즉 앞으로 10년 내에 한강 세 곳, 낙동강 일곱 곳, 금강 및 영산강 각 한 곳 등 모두 열두 곳에 평균 1억 톤 규모의 중소형 댐을 건설할 계획이라고 발표했다. 그동안 해당 지역 주민들과 환경단체들의 적극적인 반대로 추진은커녕 제대로 발표조차 하지 못했던 건교부가 가뭄으로 온 국민이 애를 태우고 있을 때를 틈타 '수자원장기종합계획'이라는 것을 발표한 것이다.

특히 자연환경이 뛰어난 동강의 영월댐 건설계획이 무산된 이후

지리산댐이나 낙동강 상류지역의 댐 건설계획이 환경운동단체들의 강력한 반발에 부딪혀 있는 상황에서, 건교부가 또다시 댐 건설을 들고 나온 것이다. 이러한 건교부의 정책은 국민을 기만한 것일 뿐만 아니라 실제 올바른 대책이 아니라는 점에서 많은 비난을 받고 있으며, 특히 댐 건설 예정지역 주민들의 치열한 반대에 봉착하고 있다.

건교부의 댐 건설계획

건교부는 댐 건설계획에 따라 2001년 안으로 전국 30여 곳의 댐 후보지를 대상으로 댐 건설의 타당성을 경제적 및 기술적 측면에서 검토하고, 지방자치단체와 협의하여 연말까지 최종후보지를 확정할 방침이라고 밝혔다. 이미 후보지로 확정된 한탄강댐(경기도 연천군, 2억 5,000만 톤 규모)과 낙동강 수계인 위천의 화북댐(경북 군위군, 4,800만 톤 규모)은 기본설계를 마치고 조만간 공사에 들어갈 전망이다. 다른 지역에서도 후보지가 확정되면 댐 건설 장기계획과 연차별 투자계획에 따른 기본계획을 수립하고, 이에 기초하여 설계를 한 뒤 공사에 들어갈 계획이다.

건교부는 이와 함께 댐 건설에 따른 수몰과 개발제한 등 지역 주민들의 피해와 불만을 해소하고 댐 주변 지역발전을 위해 댐 건설시 200~300억 원을 지원하고, 댐 건설 이후에도 매년 8~10억 원을 지원할 계획이라고 한다. 또한 이와 함께 환경친화적인 댐 건설을 위해 계획단계부터 사전환경평가를 실시하고 어도(魚道) 및 생태공원 조성, 사회간접시설 우선 투자 등의 혜택을 주기로 하였다.

그 외에도 환경부에서는 광역상수도망을 확충하고 중소형 댐을 추가건설하여 전국의 광역상수도 공급지역을 52%에서 65%로 높

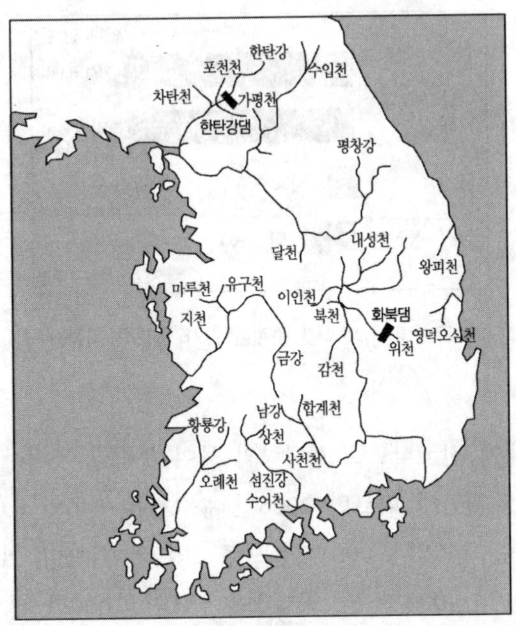

<그림 1> 조사중인 댐 후보지 현황

이고, 하루 공급량을 1,390만 톤에서 2,471만 톤으로 증가시킬 계획이다. 또한 광역상수도 요금을 재정경제부 등 관계부처와 협의하여 오는 9월부터는 30% 가량 인상할 방침이라고 밝혔다. 광역상수도 요금(현재 톤당 186원)이 30% 오르면 생활용수, 공업용수, 농업용수 가격도 인상될 것이다. 또한 정부는 해안과 도서지역 등 지표수를 개발하기 어려운 곳에는 지하댐과 바닷물 담수화 등을 추진할 계획이라고 한다.

댐 건설의 이유와 문제점

건교부가 이렇게 댐 건설계획을 추진하려고 하는 이유는 앞으

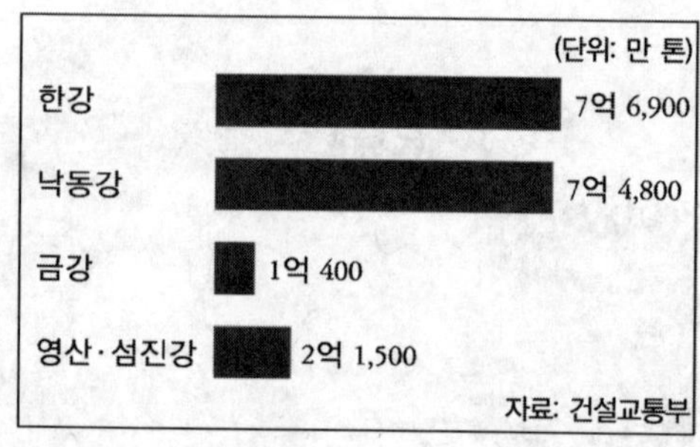

<그림 2> 2011년 수계별 연간 물부족 예상량

로 10년 내에 전국적으로 상당량의 물이 부족할 것이라는 우려에 근거한다. 계획안에 따르면 2006년 수요량은 346억 6,000만 톤, 공급가능량은 345억 6,000만 톤으로 1억 톤 가량이, 2011년에는 수요량 369억 9,000만 톤, 공급량은 351억 6,000만 톤으로 18억 3,000만 톤 가량의 물이 부족할 것으로 예상된다(149쪽 <표 1> 참조). 18억 3,000만 톤의 물은 전체 수급량의 약 5%에 달하는 양이다. 수계별 물부족 예상량을 보면 낙동강과 한강이 대체로 7억 5,000만 톤 정도, 그리고 금강·영산강과 섬진강 유역이 각각 1억여 톤 등이다. 이와 같이 2011년 예상되는 물부족량 18억 3,000만 톤 가운데 6억 톤은 다목적댐과 수력발전댐의 연계운영을 통해, 나머지 12억 3,000만 톤은 신규 댐 건설로 확보할 예정이다.

그런데 이러한 발표에 대해, 우선 앞으로 물부족량이 건교부가 예측한 것만큼 심각할 것인가에 대해서 의문을 가질 수 있다. 또한 이러한 예측을 일단 받아들인다고 할지라도, 건교부는 물부족량의 상당 부분을 댐 건설을 통해서 해결하려 한다는 점에 큰 문제가 있다. 특히 용수공급량 1억 톤의 댐은 정부가 주장하는 것처럼 중소형이 아니라, 금호강 상류의 영천댐이나 진주 남강댐 정도의 대형

댐이라는 것이다. 그동안 우리 나라는 급속히 진행된 산업화와 도
시화 과정에 따라 급증한 물수요량을 대형 댐 건설과 이를 통한 수
자원 공급정책에만 의존하여 해결해왔으며, 이번 건교부의 발표도
이러한 공급위주의 정책을 탈피하지 못하고 있다. 그러나 이제는
더 이상 이러한 대형 댐 건설로는 문제를 해결할 수 없다.

전 세계적으로 볼 때 대형 댐의 건설은 1980년대 이후 연평균
170개 정도 감소하는 추세를 보이고 있으며, 이미 선진국들(일본 제
외)에서는 대형 댐 건설에 기초한 공급위주의 정책을 포기하고 대
신 수요관리정책으로 전환했다. 예로, 수돗물의 송수 과정에서 발
생하는 누수를 막기 위한 수도관의 교체, 그리고 무엇보다도 시민
들의 물소비절약에 따른 절수대책 등을 통해 물수요량을 줄여가고
있다. 우리 나라도 이제는 1인당 물소비량이 선진국과 비교해 오히
려 더 많은 수준에 달했기 때문에, 시민들의 자발적 참여에 의한
물수요관리가 무엇보다도 중요하다고 하겠다.

지역 주민을 무시한 건교부

건교부에 의한 이러한 댐 건설계획의 발표에 대해, 시민들의 찬·
반 여론이 치열하게 제기되고 있지만, 특히 해당 지역 주민들은 매
우 심각한 반응을 보이고 있다. 예로 경북 군위군 주민들은 화북댐
의 건설이 기정사실화되자 이에 크게 반발하고 있다. 특히 건교부
가 이 지역 댐 건설과 관련하여 지역 주민들을 무시하고 우롱하고
있는 것처럼 보인다는 점에서 지역 주민들의 반대를 자초했다고 할
수 있다. 사실 화북댐의 경우 지역 주민들의 강력한 반대로, 지난 4
월에는 건교부가 보도자료를 통해 화북댐을 비롯하여 전국 3개소
의 댐 건설을 유보하겠다고 했다. 그런데 건교부는 군위군민에게는

댐 건설계획에 대한 지역 주민들의 반대 시위: 건교부의 댐 건설정책은 기만적이고 일방적이라는 점에서 심각한 반대여론에 봉착해 있다.

한마디 사전통보도 없이 어느 날 갑자기 댐 건설에 따른 공청회를 개최하고(6월 12일), 내년 중에 댐 건설을 착공하겠다고 발표한 것이다.

　이와 같은 졸속한 정부의 댐 건설정책은 지역 주민들로부터 더이상 신뢰를 받을 수 없게 되었다. 지역 주민들의 반대 입장에 의하면, 화북댐 예정지인 군위군 고로지역은 계곡이 협소하여 4,800만 톤의 물을 가둘 경우 평상시에도 건천인 위천의 고갈이 불 보듯 뻔하다는 것이다. 이와 같이 하천의 유지수가 부족하면, 생태계가 파괴될 뿐만 아니라 군 전역이 사막화되어 불모지로 변할 것이라고 우려하고 있다. 특히 댐 건설로 인한 이러한 피해에도 불구하고 지역에서 생성된 전체 용수의 80% 이상이 타지역 물공급을 위해 유출된다는 점에서, 지역 주민들이 반대하는 것은 어떤 의미에서는 당연하다고 할 수 있다.

 이러한 지역 주민들의 반대는 단순히 지역 이기주의의 발상이라 기보다는, 무엇보다도 지방분권시대에 중앙정부가 나서서 화북댐 건설을 추진한다는 것에 대해 저항감을 느끼기 때문이라고 할 수 있다. 만약 정부가 주장한 것처럼 반드시 댐 건설이 필요하다면, 중앙정부는 계획만 제시하고 댐 건설과 수리권은 지방자치단체가 가지도록 해야 할 것이다. 예로 시장·군수도 총 저수량 1억 톤 미만의 댐을 건설하고 수리권을 가질 수 있도록 '댐 건설 및 주변지역 지원에 관한 법률' 시행령을 개정할 필요가 있다. 댐 건설과 운영권을 해당 지방자치단체로 이관하여 소규모 댐 건설에 따른 관련 주민의 의견을 충분히 수렴하고, 수자원 판매수익도 지역의 수질보전과 지역발전에 사용될 수 있도록 해야 할 것이다.

수자원 확보를 위한 다양한 대책들

 이제는 대형 댐을 새로 건설하기보다는 기존 댐의 효율적 관리와 더불어 다양한 형태의 소규모 댐이나 그 외 대안들을 통해 수자원을 확보하는 것이 중요하다. 첫째, 기존 대형 댐의 운영을 보다 효율화함으로써 가뭄과 홍수에 대비할 수 있다. 사실 우리 나라 대형 댐들의 평균 담수율은 45%에서 71% 선이다(전국적으로 가장 높은 담수율을 보이는 댐은 충주댐이고, 합천댐은 설계의 잘못으로 가장 낮은 담수율을 보이고 있다). 즉 가뭄과 홍수에 대한 상반된 우려로 인해 대형 댐들이 평소 30~55% 정도 비워져 있다는 것이다.

 만약 이러한 다목적 대형 댐들에 대한 관리방안을 최적화할 경우, 수자원공급에 상당한 효율성을 가져다줄 것이다. 기존 댐 운영의 최적화방안은 물론 기술적으로 상당한 예측능력을 필요로 할 것이므로, 관리자의 입장에서 보면 담수율을 높여서 홍수시에 큰 사고를 내는 것보다는 담수율을 낮추고자 할 것이다. 그러나 예로, 작년 '낙동강물이용조사단'의 보고서에 의하면, "기존 댐 초기저수위를 현재 평균보다 높게 운영하였을 때 각 댐의 용수공급 능력의 증대 및 유역 물부족 감소, 그리고 하천 유지유량 가능량의 증대 개선효과"가 있는 것으로 분석되었다.

둘째, 농촌지역에 농업용 보와 소형 저수지를 많이 만들고, 기존의 저수지들을 보다 효율적으로 관리하며, 산간지역에 소규모 저수지를 만드는 것도 대안이 될 수 있다. 현재 전국에는 총 1만 8,000여 개의 관개용 저수지(농지개량조합 관리 2,830개, 시군 관리 1만 5,500개)가 있으며, 이들은 전체 관개면적의 약 53%에 총 용수량 30억 m^3(우리 나라 다목적댐의 총저수량 $109m^3$의 30%)에 달하는 물을 공급하고 있다. 이러한 저수지들 대부분은 일제시대에 만들어진 것이다. 앞으로 특히 가뭄에 대비해서 농업용수를 공급하기 위한 소규모 관개 저수지를 많이 만들 필요가 있다.

그동안 농촌 저수지들이 매우 비효율적으로 관리되어왔으며, 특히 비관개 기간(즉 겨울철 갈수기)에는 저수량이 고갈되어 봄철에 연속되는 가뭄을 맞았다. 더욱이 준설을 제대로 하지 않아 주변 지역의 토사유입으로 저수지 바닥이 점차 높아져서 저수량이 많이 줄어들었다. 또한 도시주변의 저수지들은 관개용수로서의 기능을 점차 상실하여 방치된 채 도시화의 영향으로 매몰되어가고 있다. 기존 저수지의 제방을 높이거나 준설로 저수량을 증가시키고 제방에 대한 안전성을 체계적으로 검토하는 한편, 도시주변의 저수지라고 할지라도 철저히 관리하여 가뭄 때 사용할 수 있도록 해야 할 것이다.

셋째, 지하댐의 건설과 강변 여과수의 활용 등 취수원을 다변화

방치된 농촌지역 저수지: 전국의 관개용 저수지들은 전체 관개면적의 53%에 달하는 농지에 용수를 공급하고 있지만, 준설을 제대로 하지 않아 저수량이 많이 줄고 있다.

개발로 인해 점차 매몰되고 있는 저수지: 도시주변에서 관개용수로서 기능을 상실하면서 방치되어온 저수지들이 도시화의 영향으로 매몰되어가고 있다.

하는 것이 중요하다. 지하댐은 하천 밑으로 흐르는 지하수맥을 댐으로 막아 흙 속에 가둔 물을 끌어올려 사용하는 것이다. 또한 강변 여과수는 하천 옆의 모래층을 통과해 자연여과된 물을 저장해 생활용수로 공급하는 것을 말한다. 물론 건교부도 이러한 지하댐과 강변 여과수의 활용에 대해 관심을 가지고 있지만, 댐 건설에 대한 부차적 방안으로 설정하는 정도이다.

넷째, 계곡에 소규모 저수지를 만들고, 장기적으로 산림을 육성하여 이른바 녹색댐의 조성에 노력을 기울여야 할 것이다. 다소 경제성은 떨어지겠지만 높은 지역에 소규모 댐을 만들 경우, 홍수기에 물을 가두어두었다가 갈수기에 방류하면 가뭄과 홍수에 대비할 수 있다. 또한 하류지역의 하천에 물 흐르는 기간이 늘어나게 되어 수서·수변생태계의 발달은 물론 지하수 함양에 크게 기여하고, 장기적으로 생태관광에도 도움이 될 것이다.

그러나 무엇보다도 수원을 함유할 수 있는 녹색댐을 조성해나가는 것이 장기적으로 제일 중요하다. 그동안 도시화 과정에서 산림이 크게 파손되었고, 또한 물을 머금을 수 있는 농경지가 많이 줄어들었다. 농림부의 계산에 의하면 우리 나라 논의 홍수저수량은 31억 톤 규모로, 다목적댐 대체효과뿐만 아니라 경제적 효과가 91조 원에 이른다고 한다. 따라서 수자원을 저장할 수 있는 국토의 산림과 농경지들이 다시 물을 저장할 수 있도록 함으로써 홍수와 가뭄에 대처할 수 있어야 할 것이다.

다섯째, 도시에서도 가정마다 작은 물탱크를 마련하여 빗물을 이용하는 방안을 일반화할 필요가 있다. 일본에서는 대형 건물들의 경우 중수도 시설이 보편화되어 있고, 가정에서는 집집마다 빗물탱크를 설치하는 것이 당연하게 여겨지고 있다고 한다. 빗물 탱크 안에 먼지 등 이물질이 함유되어 있지만, 이를 걸러내면 화장실과 청소·설거지 등 생활용수로 다양하게 활용할 수 있기 때문이다. 이제 도시도 역외에서 유입되는 수돗물에만 의존할 것이 아니라 자체 수자원을 최대한 이용하여 자급적 물순환체계를 확보해나가야 할 것이다.

(2001. 6. 19.)

참고문헌

낙동강 물이용조사단. 2001, 낙동강물이용조사단 보고서.
서형하. 2001, 「물부족 해결과 홍수예방을 위한 댐 건설 정책」, ≪대한토목학회지(토목)≫, 49(10).
염형철. 2001, "건교부의 댐을 위한 물 정책", ≪함께 사는 길≫, 10월호.
이정전. 2001, 「댐 건설과 물관리 정책의 문제점과 대책」, ≪대한토목학회지(토목)≫, 49(10).
최병두. 2001, 「댐 중심 수자원 정책의 문제점과 개선방안」, ≪한국공간환경≫, 2(2).

낙동강특별법 제정을 둘러싼 갈등

우리 나라의 큰 하천으로 한강, 낙동강, 금강, 영산강을 꼽을 수 있다. 이 4대 하천의 유역면적은 남한 면적의 63%를 차지하고, 총 유로연장은 1,535km에 달한다. 대부분의 국민들은 이 하천들에서 취수된 물을 먹고 있으며, 농업 및 공업용수도 이 하천들로부터 얻고 있다. 또한 대부분의 도시는 이 하천들에 의존하여 발달하고 있다. 그러나 산업화와 도시화의 진전으로 인해 이 하천들의 수량 부족과 수질오염을 겪으면서, 특별한 대책이 필요하게 되었다.

이에 따라 환경부는 4대 강의 수질개선과 지역 주민들을 지원하기 위한 특별법 제정에 들어가서, 우선 1999년 한강특별법을 제정·

<표 1> 우리 나라의 4대 하천

하천명	유역면적 (km^2)	유로연장 (km)	유역 내 경지면적		수원지점
			논(ha)	밭(ha)	
한 강	26,018	481.7	159,558	237,538	강원 태백시 창죽동 금용소
낙동강	23,817	521.5	263,781	263,313	강원 태백시 황지동 황지연못
금 강	9,810	395.9	152,030	105,085	전북 장수군 수면 사두봉
영산강	3,371	136.0	63,297	30,799	전남 담양군 용면 율치

시행하게 되었다. 사실 기대 반 우려 반으로 출범한 한강특별법(정확한 명칭은 한강수계 상수원수질개선 및 주민지원 등에 관한 법률)은 그 이후 점차 긍정적인 효과를 나타내고 있는 것으로 평가된다. 오염총량제의 시행, 수변구역의 지정과 관리 등 아직도 갈등요소가 상존하고 정책적·기술적으로 보완해야 할 부분이 남아 있기는 하지만, 물이용부담금을 통한 상·하류지역의 공생전략은 상수원 수질개선에 주효했던 것 같다.

한강특별법의 시행에 따른 효과와 한강 유역 주민들의 물에 대한 인식변화를 토대로, 환경부는 다른 3대 하천에 대한 특별법 제정을 제안하기에 이르렀다. 그러나 법안의 제정이 관련 하천의 상·하류 지방자치단체간, 주민간 대립과 갈등으로 난항을 겪게 되었다. 그러나 현재 낙동강을 포함하여 주요 하천들이 특단의 조치 없이 수질 개선이 어렵다는 점에서, 갈등의 원만한 해결로 특별법을 제정·시행할 수 있도록 해야 한다는 점은 부정할 수 없다고 하겠다.

낙동강특별법의 추진

2000년 6월 환경부는 낙동강 수질개선을 위하여 각종 규제조치를 담은 낙동강특별법을 국회에 제출한 바 있다. '낙동강수계 물관리 및 주민지원 등에 관한 법률안'이라는 긴 이름을 가진 이른바 '낙동강특별법'은 그동안 1년 넘게 지역 주민들과 전문가 및 환경활동가들의 여론을 수렴한 것이지만, 국회 환경노동위원회 법안심사소위에서 대구 경북 및 부산지역 의원들이 각각 서로 다른 이유를 들며 반대하였기 때문에 결론을 내리지 못했다.

낙동강 수자원 이용과 오염규제를 둘러싼 지역간 의견 또는 이해관계의 차이는 상당히 오래된 것이지만, 낙동강특별법의 제정을

둘러싸고 낙동강 중·상류지역인 대구와 경북, 그리고 낙동강 하류
지역인 부산과 경남지역 간에 의견대립을 나타내고 있다. 심지어
낙동강특별법이 제안된 이후에도 2000년 12월 부산지역은 나름대
로 자신들의 요구조건이 반영되지 않는다면 이 법안에 대해 반대할
것이라고 주장하면서, 부산지역 의원들을 중심으로 별도의 낙동강
특별법안을 제안하기도 했다.

다른 한편으로, 경북도 시장·군수협의회는 여러 차례 모임을 가
지고 낙동강특별법 결사반대 공동성명서를 발표하고, 포기 건의서
를 정부 및 국회 등에 보내기도 했다. 또한 경북도 주민들 천여 명
은 대규모로 상경하여 국회 및 한나라당 당사 앞에서 낙동강특별법
제정을 반대하는 시위를 벌이기도 했다.

이러한 각 지역의 입장 차이가 실제 법을 심의하는 과정에서 각
지역의 입장을 대변하는 의원들간의 의견대립으로 이어졌고, 환경
부장관이 직접 개입하여 특별법안의 통과를 호소했지만 별 효과를
보지 못한 채, 법안처리가 상당 기간 표류하게 되었다. 이 법안이
통과되지 않을 경우 2005년까지 낙동강 수질을 상시 2급수로 개선
한다는 목표는 물거품이 될 것으로 우려되었다. 이러한 우려의 덕
분인지 낙동강특별법은 금강 및 영산강·섬진강특별법과 함께 2001
년 12월 정기국회 본회의에서 통과되어 2002년 7월부터 본격시행
되었다.

낙동강특별법의 추진 의의

낙동강특별법은 다른 하천의 특별법들과 구체적인 내용에서 다
소 차이는 있으나, 공통적으로 다음과 같이 상당히 개선된 수질대
책을 담고 있다. 주요한 내용으로, ① 사후 정화처리 중심에서 사

전 오염예방정책으로 전환, ② 행정구역(지자체) 단위 수질관리에서 유역 단위 관리체제로 전환, ③ 비점오염원 관리제도의 새로운 도입, ④ 불가항력적인 수질오염 사고에 대비한 방지 시스템 도입, ⑤ 유역공동체 구축을 위한 고통과 비용분담제도 도입 등을 들 수 있다. 이러한 의의를 가진 낙동강특별법이 그동안 표류하면서 드러난 문제점은 사실 오랜 기간 끌어왔던 지역갈등이 또다시 심각한 양상으로 표출되었다는 점이다. 즉 법 추진 과정에서 지역 주민들의 의견과 이해관계를 가능한 한 반영하고자 했지만, 실제 낙동강 유역, 특히 상·하류지역 주민들의 입장이 다를 수밖에 없었기 때문에 결국 자신들의 지역 이해관계를 우선한 채 낙동강 수자원의 합리적 이용과 수질개선 노력을 외면했다는 점이다.

이러한 지역간 갈등과 관련하여 낙동강특별법의 제정은 그 과정상으로 두 가지 측면에서 상당한 의의가 있었다. 첫째, 낙동강특별법안은 사실 상·하류 지자체간에 수용가능한 범위 내에서 어느 정도(암묵적으로) 합의를 도출한 법안이라고 할 수 있다. 지난 10년 가까이 낙동강 유역의 각 지역들은 낙동강 수자원의 이용과 수질오염 문제를 둘러싸고 오랜 갈등을 겪었으며, 특히 대구시에서 제안한 위천공단 조성문제로 인해 각 지역들이 모두 촉각을 곤두세우고 매우 민감한 반응을 보여왔다.

그 와중에 지난 2~3년간 각 지역의 정치가나 지자체 관료들뿐만 아니라 전문 연구자들과 환경운동 활동가들이 함께 조사·연구하고 그 결과로 제시한 대안을 어느 정도 반영한 결과, 낙동강특별법이 제안되었다. 즉 이번 법안은 낙동강 유역의 모든 지역들의 이해관계를 최대한 만족시키지는 못한다고 할지라도, 최소한의 공통적 이해관계를 반영하면서 낙동강의 수량을 확보하고 수질을 개선하겠다는 노력의 결과라고 할 수 있다.

둘째, 이번에 정부가 처리하고자 하는 관련 법안에는 낙동강뿐만 아니라 금강과 영산강 수질을 개선하기 위한 특별법도 함께 묶여 있다. 따라서 해당 하천의 특별법이 제정되면서 각 하천수계의 관리가 상당히 체계화되고, 나아가 수자원 이용 및 수질개선의 가능성이 높아지게 되었다.

이러한 점과 관련된 문제는, 경북지역 의원들이 자신들의 지역에 주어지는 규제가 너무 강하기 때문에 '지역 형평성' 논리로 "금강·영산강 수계에도 낙동강과 똑같은 규제조항을 넣어야 한다"고 주장했다는 점이다. 그러나 환경부의 입장에서는 금강과 영산강의 경우도 지역 주민들과 이미 합의한 사항들이기 때문에 관련법에 제시된 것 이상으로 더 강한 규제를 하기는 어렵다고 주장하고 이를 관철시킬 수 있었다.

낙동강 하류지역 주민들의 입장

특히 낙동강특별법의 제정을 둘러싼 논란은 낙동강 상류와 하류지역 주민들의 입장 차이에 기인했다. 우선 부산시와 이 지역 환경단체들의 입장에 의하면, 낙동강 수질을 개선하고 안전한 상수원을 확보하기 위한 자신들의 최소 요구사항이 반영되지 않았다는 것이다. 부산지역에서는 ① 오염총량관리제에 COD 추가[생물학적으로 분해가능한 유기물 농도지표인 생물학적 산소요구량(BOD), 총인(T-P) 등의 관리만으로 유해물질관리가 어려운 만큼 화학적 산소요구량(COD)을 반드시 간접지표로 활용할 것을 요구], ② 수계관리위의 위상 강화(계절에 따른 수량변화를 고려하고 수질개선을 위해 수량과 수질의 통합관리가 필요하기 때문에, 수계관리위가 댐 방류량을 조정할 수 있도록 해야 한다고 주장), ③ 상수원 보호구역의 환경부장관 직권 지정(시도지사

대구 달서천 하수처리사업소: 페놀 사건 이후 대구시는 환경기초시설 확충에 많은 투자를 했지만, 금호강과 낙동강의 수질은 여전히 크게 개선되지 않고 있다.

에게 상수원 보호구역의 권한이 주어질 경우, 해당 지역의 개발을 위하여 임의적으로 보호구역을 축소할 것이라는 우려에서 제시된 주장) 등이다.

그러나 정부는 수계관리위의 위상강화에 대해서는 이의가 없다고 밝혔지만, 오염총량관리제에 우선 BOD와 총인을 기준으로 일단 규제를 하고, 순차적으로 그 기준을 강화해갈 것임을 밝혔다. 또한 수질개선을 위한 모든 계획과 투자가 지자체 단위로 이루어지고 있는 상황에서, 상수원 보호구역의 시도지사 권한은 일종의 성과급으로 주어지기 때문에 상수원 보호구역의 지정 권한을 환경부장관에게 귀속시키기는 어렵다는 점을 밝혔다.

이러한 환경부의 해명에도 불구하고, 부산시가 강력한 입장을 주장했던 것은 낙동강특별법의 통과에 이어 위천공단 문제가 곧바로 대두될 것임을 우려했기 때문이라고 할 수 있다. 즉 당시 부산시는 법안이 이의 없이 통과될 경우 실질적인 낙동강 수질개선은 안 되고 위천공단 설립만 정당화하는 결과를 초래할 것이라고 우려했다. 하지만 환경부의 입장에서는 낙동강특별법과 위천공단 문제 간에는 직접적 관계가 없으며, 위천공단 문제는 "국무총리실 산하에 설치된 위천공단위원회를 통해 종합적으로 결정될 사항으로 환경부 자체의 반대 입장을 밝힐 수는 없다"고 한다.

그동안 위천공단계획 추진을 요구하면서 나름대로 지역의 수질오염 개선을 위하여 상당한 노력을 해온 대구시의 입장에서 본다면 이번 낙동강특별법에 제시된 규제들, 특히 총량오염규제가 지역에 다소 불리하다고 할지라도 어찌하였든 낙동강특별법의 제정에 크게 기대하고 있다. 그렇게 되면 위천공단이 국가공단으로 지정되지는 않는다고 할지라도, 지방공단으로라도 추진하여 고도하수처리장을 완비하고 친환경적인 산업을 유치하겠다는 생각을 가지고 있다.

낙동강 중·상류지역 주민들의 입장

낙동강특별법 제정과 관련하여 좀더 심각한 반발을 보였던 것은 낙동강 중·상류라고 할 수 있는 경북지역이다. 경북지역 지자체와 의원들에 의하면, 낙동강특별법은 상·하류간 합의정신이 중요한데도 대구와 부산의 입김이 상대적으로 경북보다 많이 반영됐다고 지적하고, 법 시행 이후 경북지역의 경제활동이 과도하게 제한받을 것을 우려했다. 특히 낙동강특별법 제정에 반대했던 주민들은 낙동강과 동시에 입법 과정을 밟고 있는 영산강·섬진강 및 금강 수계 법안에는 없는 각종 규제로 지금까지 피해만 당해왔던 지역민들의 생존권 자체가 위협받게 된다고 주장했다.

구체적으로, ① 하천 인접지역에 농약과 비료 사용을 금지 또는

낙동강 수질오염 사태에 대한 시민들의 시위: 빈번한 낙동강 수질오염 사고에도 불구하고 원인규명과 근본대책은 잘 이루어지지 않고 있다.

낙동강 물관리 종합대책에 관한 시민토론회: 낙동강특별법 제정에 앞서 낙동강 물이용 조사 및 물관리 종합대책에 관한 지역별 토론회가 여러 번 개최되었다.

제한하고, 낙동강 본류 및 지류의 일정거리에는 하류지역 수질이 연중 2급수에 달할 때까지 도시개발사업, 산업단지, 관광지, 일정 규모 이상의 건축물의 설치를 금지하고 있는 것은 부당하다. ② 개발허가를 받을 경우에도 반드시 녹지를 조성하고, 수변구역 지정도 한강은 댐 상류 10km, 폭 500m, 금강과 영산강은 댐 상류 중 지류 경계는 500m에 주민동의를 필요로 하는 데 반해, 낙동강은 댐 상류 30km, 폭 1km로 다른 강보다 구역 지정면적이 훨씬 넓다는 것이다. ③ 그 외에도 낙동강 수계 시·군별로 5년마다 '물수요 목표관리종합계획'을 수립하여 목표를 달성하지 못한 시·군을 제재하는 내용이 포함되어 있는 등 다른 강과는 달리 낙동강 수계법의 규제가 너무 심하고, 낙동강의 보존도 좋지만 하류지역을 위하여 상류지역의 주민들이 생존권까지 박탈당하게 되었다고 반발을 했다.

이러한 경북도의 주장에 대해 환경부는 "오염도가 기준을 넘지 않은 선에서 개발이 이뤄져야 하지만, 과도하게 개발된 지역은 개발을 억제하고 저개발된 곳은 개발을 촉진하는 효과를 가져다줄 것"이라고 반박했다. 그러나 경북지역의 입장에서는 낙동강의 오염은 환경기초시설 미비와 하류지역 공장폐수가 원인인데도 책임을 상류지역에 떠넘기는 것으로 이해하고 있다. 총량오염관리제에 따른 수질문제는 물의 양과도 직결되는데, 임하댐 물을 영천도수로를 통해 하루 40만 톤씩 보내는 것은 지역 오염을 가중시키는 것이기 때문에, 수질보호를 위해서는 통수를 중단해야 하지 않느냐고 주장하였다.

낙동강 생태공동체의 구축

낙동강 중·상류지역 주민과 하류지역 주민들이 각각 상이하게 가지는 이해관계는 낙동강특별법의 제정을 매우 어렵게 했지만, 낙동강이 워낙 심각하게 오염되어 있기 때문에 이에 대한 대응책이 불가피하다는 점에 대해서 낙동강에 의존해서 살아가는 모든 사람이 합의할 수 있을 것이다. 낙동강특별법은 바로 이러한 합의에 기초한 것이라고 하겠다. 즉 낙동강특별법이 더 큰 의의를 가지는 것은 이러한 갈등과 대립관계를 극복하고 상당히 개선된 낙동강 수질대책을 제시하고 이를 수행할 수 있게 되었다는 점이다.

　이러한 상황과 관련하여 앞으로 해당 지역의 주민들과 이들의 입장을 대변하는 국회의원들은 자신 지역의 이해관계를 전제로 타 지역의 이해관계에 반대하기보다는 서로 조금씩 양보함으로써 심각하게 오염된 낙동강을 우선 살려나가야 할 것이다. 나아가 낙동강을 공동으로 이용하고 낙동강을 매개로 문화의 터전을 이룬 공동체로서 상호호혜적인 발전을 추진해나가야 하겠다.

(2001. 6. 26.)

참고문헌

강성철 외. 2000, 낙동강 물관리 특별법 지역전문가 회의 결과(부산환경운동연합 자료).

부산환경운동연합. 낙동강특별법, http://pusan.kfem.or.kr/nakdong/low-1.html.

최인화. 2002, "낙동강특별법 시행을 둘러싼 동상이몽", ≪함께 사는 길≫, 9월호.

환경부. 2002, 낙동강특별법시행령(안)·시행규칙(안) 및 수계관리위원회규정(안) 입법예고(자료).

환경부. 2002, 상·하류 화합으로 이루어낸 낙동강특별법 7·15부터 시행(보도자료).

칠월

청소년을 위한 환경교육과 생태학습

　도시에서 생활하는 어린이들에게는 자연환경을 직접 접할 수 있는 기회가 그다지 많지 않다. 도시 어린이들은 삭막한 아파트에서 살아가면서 TV를 보거나 컴퓨터 게임을 하면서 대부분의 시간을 보내기 때문이다. 인공적으로 만들어진 도시환경은 일상생활에서 어린이들이 자연환경과 더불어 놀이를 즐길 수 있는 기회를 박탈해 버렸다. 도시 어린이들의 생활에서 자연환경은 점차 사라져버리고, 이로 인해 자연환경에 대한 의식도 점차 희미해져가고 있다.

　이와 같이 자연환경과의 일상적 관계의 해체, 그리고 환경의식의 소멸은 결국 자원낭비와 환경오염을 초래하는 직·간접적 원인이 되고 있다. 이러한 점에서 오늘날 우리가 당면한 환경위기의 극복과 더불어 사람들의 환경의식과 환경실천의 회복을 위하여 환경교육이 강조되고 있다. 이에 따라 점차 많은 학교들에서 환경교육을 독립된 과목으로 설정하여 시행하고 있다. 그러나 대다수의 사람들은 환경교육에 대해 "당연히 해야지" 하고 원칙적으로는 공감하지만, 의식적으로 교육을 하거나 받으려고는 하지 않는다.

학교 운동장의 가장자리를 이용해 조성한 생태연못: 생태연못은 많은 비용을 들이지 않고 학생들이 직접 만들고 가꿀 수 있어, 조경뿐만 아니라 환경교육을 위해서도 중요하다.

도시의 초·중등학교들은 환경교육에 대한 필요성을 크게 느끼지 못하고 있을 뿐만 아니라, 환경교육을 선택한 경우에도 환경 관련 교사 및 자료의 부족 등으로 수업이 제대로 이루어지지 않고 있다. 특히 입시위주의 교육관행으로 인해 환경교육 역시 암기식으로 이루어지거나 딱딱한 실내수업중심으로 진행되기 때문에 학생들의 흥미를 자아내지 못하고 있다. 이러한 환경교육의 문제점을 해결하고 학생들이 좀더 적극적으로 환경교육에 참여할 수 있는 방안들을 모색해보자.

환경교육의 현황

환경교육은 그 필요성이 강조되면서, 이제 초등학교에서 대학교에 이르기까지 모든 학년에서 이루어지고 있다. 초등학교에서의 환경교육은 그 내용상 '슬기로운 생활', '도덕', '사회', '자연' 등 7개 교과에 걸쳐 분산되어 있으며, 환경재량시간(3~6학년, 각 학년별 연간 34시간)을 이용하여 실시하고 있다.

중학교에서의 환경교육은 1995년부터 독립교과인 '환경'과 함께 여러 교과에 걸쳐 분산 실시되고 있는데, 학교장의 재량에 의해 선택할 수 있다. 2000년의 경우 전국 2,741개 중학교 중에서 '환경'을 선택한 학교는 341개교(전체의 12.4%) 정도이다.

고등학교의 환경교육도 독립교과인 '환경과학'과 함께 여러 교과에 걸쳐 분산되어 실시되었고, 중학교와 마찬가지로 학교장의 재량에 따라 교양과목으로 선택할 수 있도록 했다. 2000년의 경우, 전국 1,943개 고등학교 중에서 환경과학을 교양과목으로 선택한 학교는 370개교(전체의 19%)였다.

이와 같이 환경이나 환경과학을 선택한 중·고등학교의 비율이 상대적으로 낮은 것은 문제라고 할 수 있다. 또한 선택률이 지역별로 큰 차이를 보이는 것도 문제점으로 지적될 수 있다. 예를 들어, 부산이나 충북의 경우는 선택률이 90% 이상이지만, 대구의 경우는 중학교 4개교, 고등학교 22개교만 환경을 선택하였다.

<표 1> 환경과목 선택학교 현황

(단위 :개교)

구분	연도	계	서울	부산	대구	인천	광주	대전	울산	경기	강원	충북	충남	전북	전남	경북	경남	제주
중학교	2000	341	9	153	4	1	2	13	1	10	9	99	9	3	8	13	5	2
	1999	340	14	148	5	1	2	2	1	11	10	99	9	6	11	14	5	2
고등학교	2000	370	17	15	22	7	13	24	5	40	21	26	43	24	47	32	29	5
	1999	349	24	10	14	5	12	19	2	50	18	28	39	32	39	28	24	5

주: 환경부, 2000, 「환경백서 2000」.

　이와 같이 환경과목의 선택률이 낮은 이유 가운데 하나는 환경과목을 채택하고 싶더라도 환경교사가 많이 부족한 실정이기 때문이다. 사범대학에서 환경교육 교사를 배출할 수 있는 환경교육학과가 처음 설립된 것이 1996년으로, 현재 전국에 공주대, 교원대, 순천대, 그리고 대구대 등 4개 대학에만 개설되어 있고, 2000년에 처음 졸업생이 배출되었다. 이렇게 부족한 환경교사를 충원하기 위하여 교육부는 1994년 이후 일부 대학에서 환경 관련 교직과목을 개설, 동·하계 연수를 통해 '환경' 부전공 자격 연수를 실시하고 이를 이수한 교사들이 환경과목을 가르칠 수 있도록 했다.

　그러나 환경과목의 선택률이 낮은 더 근본적인 원인은 교육 과정과 입시제도 때문이라고 할 수 있다. 중학교에서 환경과목은 컴퓨터 및 한문 가운데 선택하도록 되어 있다. 이에 따라 많은 학교들은 환경과목보다는 다른 과목을 택하고 있다. 특히 환경과목은 입시에 포함되지 않을 뿐만 아니라 다른 입시과목들과도 거의 무관하기 때문에, 학부모나 학교장이 이를 선택하려 하지 않는다는 점도 문제라고 할 수 있다.

현행 환경교육의 문제점

　환경교육을 선택한 경우라고 할지라도 아직 여러 문제들을 안고 있다. 유치원과 초등학교의 경우는 별도로 독립된 환경과목이 없고, 다른 과목들에서 환경과 관련된 사항들을 배운다. 예를 들어 국어시간에 환경과 관련된 시를 감상하거나 사회시간에 국토이용과 관련하여 환경문제를 다룰 수 있다. 초등학교의 경우는 이러한 통합교육을 통하여 환경에 관한 내용을 배우고, 특히 실천위주의 환경교육을 강조하지만, 실제 기존의 교과과정에서는 환경을 약간 언급

환경 관련 그림 전시회: 환경 그림과 재활용품을 이용한 공작 등은 청소년의 통합적 환경교육에 중요한 역할을 한다.

하는 정도에 지나지 않는다.

환경과목을 선택한 중·고등학교의 경우는 독립된 과목이 있어서 수업이 다소 체계적으로 이루어지고 있다고 하겠다. 환경교육 자체가 아직 초보적인 단계에 있기 때문에 교육을 위한 자료들이 많이 부족한 편이지만, 관련 교재나 프로그램의 개발이 최근 얼마간 진척을 보이고 있다. 예로, 중학교 '환경' 교과서의 경우 6차 교육 과정에서는 1종 교과서로 단일종이었지만, 2001년부터는 검인증으로 바뀌어 몇몇 출판사에서 새로운 교과서를 출판했다. 또한 환경 관련 비디오나 인터넷을 통한 환경교육 자료들이 많이 개발되고 있다.

그러나 환경교육은 단순히 교과서나 비디오, 인터넷 자료 등을 이용하는 실내 수업을 통해 이루어지기보다는 자연과 직접 접할 수

청소년 환경교육 활성화를 위한 환경단체 토론회: 지역의 여러 환경단체들은 청소년 환경교육의 활성화를 위해 노력하고 있지만, 학교 환경교육과 활발한 연계가 이루어지지 않고 있다.

있고, 자연 속에서 실천할 수 있는 방안들의 체험을 통해서 이루어져야 한다. 이에 따라, 환경교육은 정규교육 과정 내에서 다양한 현장체험학습의 기회를 가지고 자발적인 환경 동아리 활동을 유도함으로써 실천적인 환경의식 향상을 도모하도록 하고 있다. 또한 지역별·환경특성별로 다양하게 적용할 수 있는 체험학습 프로그램을 개발하여 운영하도록 하고 있다.

그러나 실제 환경교육이 체험적·실천적 학습을 통해 이루어지기보다는 대체로 개념중심·지식전달식으로 이루어지고 있다고 보아야 할 것이다. 사실 지역의 다양한 자연현장들을 체험적으로 학습할 수 있는 기회가 확보되어야 하겠지만, 도시에서는 청소년들이 찾을 만한 자연학습장이 거의 없는 실정이다. 이로 인해 환경교육은 개념의 전달이나 암기식보다는 실천중심으로 학습하도록 규정하고 있지만, 개발된 학습 프로그램의 부족이나 현장 학습장의 부족으로 대부분 실내 수업으로 진행되고 있다.

또다른 문제점으로 학교에서의 환경교육이 일반 시민단체나 다른 기관들에서 수행하는 사회적 환경교육과 연계되어 있지 않다는 점을 지적할 수 있다. 지역에 있는 여러 시민환경단체들은 대부분 청소년들을 위하여 현장방문과 체험을 중심으로 한 다양한 환경교육 프로그램을 개발·운영하고 있다. 그러나 이러한 지역 시민환경단체들이 마련한 환경교실들은 교과서를 중심으로 한 학교 환경교육과 거의 연계되어 있지 않기 때문에 청소년들의 참여가 저조한 편이다.

체험중심의 환경교육을 위하여

환경교육과 이를 통한 환경실천이 제대로 이루어지기 위해서는, 현장중심의 생태체험학습이 중요하다. 물론 이러한 생태체험중심의 환경교육을 강조한다고 해서 자연환경에 대한 윤리나 경외감에 대한 철학적 정당성 등에 대한 교육이 무의미하다는 것은 전혀 아니다. 오히려 환경윤리의 정당성이나 자연에 대한 경외감이 단순한

시민환경단체에서 마련한 청소년환경학교: 청소년환경학교에 참가한 학생들도 직접 현장을 방문하고 관찰체험을 해봄으로써 환경의식을 일깨워가게 된다.

환경 사랑 일기장: 전북 정읍시가 초등학생들에게 환경의 중요성을 재미있게 설명하기 위해 무료로 배포했다.

지식전달의 교육이 아니라 생활 속의 실천을 통해서 이루어져야 하기 때문이다. 어른들의 경우도 그렇지만, 어린이들에게 '환경'이나 '자연', '생태계'와 같은 추상적이고 거창한 개념을 제시하기보다는 일상생활 속에서 이루어지는 자연사랑 실천을 터득할 수 있도록 해야 한다. 예로, '화분에 물주기'나 '물고기 키우기'와 같은 교육은 아이들이 자연을 보살피고 가꾸는 생활을 익히고 자연과 정서적으로 교감할 수 있는 기회를 제공할 것이다.

일상생활에서 종이·신문·우유팩 정도만 분리해 모으게 해도 어린이들이 환경을 아낄 수 있는 태도를 가지도록 할 수 있다. 그리고 자신의 생활에서 일어나는 환경 관련 체험이나 생활주변에서 발생하는 여러 환경 관련 사건들을 직접 적어보도록 하는 '환경일기'도 좋은 방법이 된다. 이러한 기회들이 많아질수록 자연에 대한 아름다움(심미감)이나 자연파괴 및 오염의 문제점을 느끼고, 이에 따라 자연을 무분별하게 훼손할 염려는 줄어들 것이다.

다양한 생태놀이를 개발할 필요도 있다. 자연생태와 관련된 지식을 무조건 암기식으로 주입할 것이 아니라 놀이를 통해 자연스럽게 습득하도록 하는 것이 중요하다. 이를 위해 여러 가지 생태놀이 방법이나 도구들이 개발되고 있다. 예로, 철새들의 이동을 나타내는

지도를 이용하여 카드놀이를 하거
나, 운동장에 큰 지도를 그려놓고,
그 위를 철새가 되어 비행해보도록
하는 놀이를 할 수 있다. 이 놀이를
통해 어린이들에게 어떤 철새가 어
떻게 비행하는가를 알 수 있도록
하고, 또 지도상의 각 지역들이 어
떠한 조건이기 때문에 그렇게 비행
하는가를 이해할 수 있게 한다.

환경운동연합에서 개발한 철새 생
태놀이판

또한 어린이들이 학교주변이나 좀더 멀리 도시를 벗어나 산이나
들, 하천, 갯벌 등에 찾아가서 현장을 체험하도록 하는 것도 중요하
다. 이러한 현장학습은 책에서 얻지 못한 것들을 직접 관찰이나 체
험을 통해 배울 기회를 가질 수 있도록 한다. 도시의 빌딩 숲에 갇
혀 집과 학교, 그리고 학원을 왔다갔다 하는 어린이들에게 현장체
험중심의 학습은 새로운 교육 분위기를 만들어준다. 도시주변의 야
산이나 들, 하천으로 나가서 나무의 이름이나 들꽃의 이름을 알고,
풀벌레와 갯지렁이를 잡고, 직접 감자를 캐거나 논을 매어보는 경
험은 입시나 컴퓨터게임과 같이 정신적인 활동에만 몰두하고 있는
도시의 어린이들에게 퇴화된 감성을 일깨울 수 있는 소중한 기회가
될 것이다.

(2001. 7. 3.)

참고문헌

남상준 외. 1998, 「일반인의 환경문제 의식과 사회환경교육의 필요성에
관한 연구」, ≪지리환경교육≫, 6(1).

남상준. 2000, 「바람직한 환경교육 방안」, 녹색연합 배달환경연구소 편, ≪한국환경보고서 2000≫, 녹색연합.
이병승. 1998, 「자연존중의 정당화와 환경교육」, ≪교육철학≫, 16.
이창헌 외. 2001, 「자연환경교육과 숲속 학교 운영」, 한국산림휴양학회 2001년 학술발표회 자료집, 5-9.
최병두. 1999, 『녹색사회를 위한 비평』, 한울.
홍수미·성효현. 1998, 「한국 고등학교 학생들의 환경문제 및 환경교육에 대한 인식 연구」, ≪지리환경교육≫, 6(1).

인공환경에 둘러싸인 녹색섬, 도시녹지

도시인구 및 산업의 지속적인 집중으로 도시공간이 부족해지자, 도시는 외곽으로 팽창할 뿐만 아니라 기존 토지를 좀더 집약적으로 이용하게 되었다. 이로 인해 도시 내부 및 그 주변의 녹지가 점차 줄어들고 있다. 오늘날 거대한 인공환경으로 만들어진 도시가 자연의 산림이나 농경지로 둘러싸인 인공섬으로 비유된다면, 도시 속에 남아서 점차 줄어들고 있는 녹지공간은 인공환경에 둘러싸인 작은 녹색섬이라고 할 수 있다.

이러한 도시녹지는 도시의 발달 및 도시인들의 생산 및 생활양식과 밀접한 관계를 가지고 있다. 과거 도시주변의 산림은 주민들의 연료림 채취로 인해 식생이 크게 파괴되어 헐벗은 모습을 보였다. 그리고 1960년대부터 본격화된 산업화에 따라 대도시로의 인구 및 산업집중과 도시개발정책으로 도시녹지는 계속 감소해왔다. 뿐만 아니라 1980년대에 들어서 도시의 녹지는 자동차의 보급증대와 교통체증으로 인한 대기오염 등 환경문제로 인해 더욱 쇠퇴하는 경향을 보여왔다.

도시개발을 위해 급속히 파괴되고 있는 도시주변 녹지: 오랜 세월 동안 적응해온 식물들이 도시환경의 급속한 변화로 인해 훼손되고 있다.

그 결과 도시의 열섬화, 대기오염, 토양산성화, 상대습도의 감소, 지하수위의 하강 등 환경의 급속한 변화로 인해 녹지의 나무들이 점차 생기를 잃어가고 있다. 지난 1억 년 이상 자연환경의 변화에 적응해온 식물들이 도시환경의 급속한 변화로 인해 훼손되거나 도태하고 있다. 심지어 도시 주변의 야산에는 오염된 환경에 적응력이 우수한 외래식물들이 세력을 확장해나가고 있다.

이러한 도시녹지의 문제를 해결하기 위하여 최근 도시녹지를 보전하고 더욱 확대해나가자는 운동이 추진되고 있다. 이러한 도시녹지 조성사업은 대구시를 포함하여 대부분의 지방자치단체들이 적극적으로 나설 정도로 활발하게 전개되고 있다. 특히 도시녹지의 조성은 도시경관의 개선, 시민 휴식처의 제공, 여름철 폭염의 완화 등을 가져다준다는 점에서 많은 관심을 끌고 있다.

점점 줄어들고 있는 도시녹지

도시녹지란 도시지역 내에 건축물 등 인공시설이 조성되어 있지 않는 공간으로서, 식물이 집단으로 생육하고 있거나 일정구역의 토지 중 일부분을 식물이 점유하고 있는 공간을 말한다. 도시녹지에는 도시계획법 및 도시공원법에 의한 도시계획시설 녹지와 녹지지역, 개발제한구역이 있고, 또한 자연공원, 문화재, 가로수, 환경보전림, 하천녹지, 그리고 건축물 부속녹지 등으로 구분되기도 한다.

이러한 도시녹지는 유형에 따라 다소 다르지만 기본적으로 공해방지와 무질서한 도시확산의 방지, 그리고 자연경관의 보호, 시민의 건강, 휴양 및 정서생활 향상 등을 목적으로 한다. 특히 도시 내의 공원 및 녹지공간은 시민들에게 여가활동을 할 수 있는 장소를 제공하고 정서를 순화시켜주는 기능을 한다. 또한 직접 자연을 접할 수 있도록 하는 도시공원은 자연의 일부를 도시 내에 조성하여 인공과 자연의 조화미를 창출함으로써 딱딱하고 차가운 도시의 표정에 부드러움을 주는 효과를 갖는다.

또한 도시의 녹지는 과밀된 콘크리트 구조물 속에서 일조 효과를 증대시키고 낮에는 수분증발에 의한 기온저하, 밤에는 지표의 방열효과로 기온조절에 기여하여 건폐지보다 통기효과를 높여준다. 뿐만 아니라 도시녹지는 도시 내에 날로 급증하는 차량이나 화석연료의 연소에서 발생하는 이산화탄소 등의 오염물질과 먼지 등을 흡수하고 산소를 공급하며 공기를 정화하고 각종 소음을 완화기키는 기능을 한다. 그리고 분주함과 익명성을 전제로 공동의식과 연대감이 결여되기 쉬운 도시사회에서, 도시녹지는 휴식과 접촉의 기회를 확대시킬 수 있는 공간제공의 기능을 한다.

오늘날 도시녹지는 도시건설 과정에서 대부분 파괴되고, 일부 남

나무들이 완전히 사라진 도심의 거리: 도심의 거리는 이제 나무 한 그루 보기 어려울 정도로 건축물과 인공포장물로 덮여 있고, 그 위에 인공적으로 마련된 큰 화분들이 어색하게 줄지어 있다.

은 경우는 건물이나 도로 등으로 둘러싸여 소규모로 분리되어 있다. 인접한 녹지와는 상당 거리 격리되어 있기 때문에 인공환경으로 둘러싸인 섬이 되어가고 있다. 도시녹지의 지리적 격리는 녹지 내부 생물종의 이동과 확산을 제한함으로써 종수 및 종다양성의 감소나 특정종의 우점화 등 식생구조의 불안정화를 초래한다.

뿐만 아니라 도시의 대기 및 토양환경의 오염은 지리적 격리에 의한 도시녹지 생태계의 불안정성을 더욱 촉진시키고 있다. 우리나라의 대도시와 공단지역에서는 이미 심각한 수준의 산성비가 내리고 대기오염과 토양산성화로 인하여 도시녹지가 더욱 훼손되고 식생의 종도 줄어들고 있다. 즉 도시의 대기 및 토양오염은 환경오염에 내성이 약한 일부 자생수종의 도태와 서양등골나물, 미국자리공과 같은 특정 외래종의 번성, 종다양성의 감소와 식생구조의 단순화를 초래하고 있다.

도시녹지 조성의 문제점과 개선방안

본격적인 도시화와 산업화로 도시녹지가 급속히 감소하는 반면 소득증대와 생활수준의 향상으로 도시녹지 및 경관에 대한 관심이 커지면서, 정부는 계획적 차원에서 도시녹지를 재조성하기 위한 정책을 펴게 되었다. 도시 주변의 치산녹지화를 위해 정부는 1960년대부터 소나무·아까시나무·리기다소나무·현사시나무 등을 위주로 조림사업을 추진해왔다. 이로 인해 30여 년이 지난 지금 도시주변의 녹지에 조성된 산림 식생들은 조림된 외래종이 우점종인 인공녹지가 많고, 식재한 소나무나 자연적으로 활착한 참나무류를 중심으로 자생수종들의 세력이 점차 커지고 있는 상황이다.

그동안 우리 나라의 도시녹지 조성은 도시계획적 차원에서 최소한의 녹지수요를 추정하여 공간적·양적 녹지 조성에 치중해왔다. 즉 도시녹지를 조성하면서 녹지의 종류, 지정 목적, 지정 지역 등에 따른 생육 기반환경 조성이나 과학적인 수종 선정, 식재 및 관리기법 등에 대한 특별한 고려 없이 획일적으로 수종을 선정하고 식재함으로써 다양한 녹지의 기능을 살려내지 못했다고 할 수 있다.

또한 조성된 도시녹지에 대해서도 현상태의 유지 또는 보호관리에만 치중함으로써 도시녹지의 기능을 단순화시키고, 도시생태계 전체에 대한 배려를 하지 못했다. 예로, 도시공원의 나무에 병충해가 발생했을 때 생태계나 다른 생물에 대한 고려 없이 맹독성 농약을 흔히 살포하였다. 또한 소나무와 현사시나무, 물오리나무와 함께 조림된 도시근린공원의 녹지에서 경관적으로 우수한 30~40년생의 소나무가 조림수종에 의하여 도태되어도 피상적인 자연환경보호 개념으로 방치되었다. 자생수종과 외래수종이 함께 자라고 있는 근린공원의 반자연식생은 도시녹지 관리체계상 자연생태계를 보존하기보다는 단순히 녹지확보가 그 목적이었기 때문이다.

이러한 문제점을 개선하기 위하여 도시녹지의 종류별 수요를 세분화하고 녹지체계와 관리목표를 생태적으로 재설정해야 한다. 일부 소규모 도시녹지나 과거 황폐한 산지에 내성이 강한 외래종으로 조림된 도시녹지는 생육종수가 적고 종의 구성이나 식생구조가 매우 단순하다. 따라서, 도시녹지의 유형과 지역에 따라 수종을 다양화하고, 경관만을 우선하기보다 도시생태계의 보전을 위한 녹지 조성이 되어야 할 것이다.

또한 도시녹지가 도시공간 내에 '생물섬'으로 고립될 경우 대기오염 및 산성비의 피해와 함께 외부녹지와 단절되면서 종의 유입 및 유출이 제한을 받아 녹지생태계가 심각하게 쇠퇴한다. 따라서 건전하고 지속가능한 도시녹지를 유지하기 위해서는 지리적 격리에 의한 피해를 최소화할 수 있는 녹지연결망 구축이 필요하다. 도시녹지의 연결통로 역할을 하는 주요한 요소로서 도시하천과 녹도, 가로수·녹지대 등의 활용이 필요하다.

도시의 가로수

도시의 녹지를 구성하는 수목들 가운데에서도 가로수는 또다른 중요성을 가진다. 가로수란 국토녹화, 경관조성, 공해방지, 시민보건 등을 위하여 시가 및 강변지역 등의 가로와 노변에 조화롭게 심은 나무를 말한다. 우리 나라의 가로수의 효시는 100리마다 이정표로서 소나무, 느티나무, 은행나무를 이정목으로 식재한 것에 유래한다.

도시녹지에 잔존한 나무들도 대기오염 및 토양환경의 악화로 고사 위기에 직면해 있다.

가로수는 도시경관을 아름답게 꾸며주고, 여름철에 시원하고 쾌적한 그늘을 제공한다. 특히 도시 내 주거지와 공공시설물(특히 학교, 병원 등)이 밀집하는 한편, 도로의 교통 통행량이 급속히 증가하면서 가로수의 역할은 더욱 커지고 있다. 즉 가로수는 도시녹지대 측면에서 방음·방풍·방화·방재·방광, 그리고 공기정화·미기후 조절 등의 기능을 함께 담당하고 있다. 최근에는 차단된 녹지축의 연결과 도시 야생동물의 서식처로의 기능이 증대되고 있다.

도시의 가로수가 담당하는 이와 같은 주요 역할들을 고려하여, 우리 나라 도시 가로수와 관련된 몇 가지 주요 문제점들을 살펴볼 수 있다. 우선 지적될 수 있는 점은 가로수의 개체수가 아직 충분하지 않으며, 또한 소수 수종으로 구성되어 다양하지 못하다는 사실이다. 우리 나라의 가로수 가운데 은행나무가 가장 많고, 다음으로 양버즘나무(플라타너스)가 많아 두 수종을 합하면 전체 가로수의 반 이상을 차지한다.

대구시의 경우, 시가 본격적으로 푸른 숲가꾸기 운동을 하기 전인 1995년에는 28종의 가로수종과 7만 6,000여 그루의 개체가 심겨져 있었다. 인구 1인당 가로수량으로 보면, 서울이 0.021그루, 동경이 0.029그루, 대구가 0.030그루로 동경과 비슷한 수치를 나타내며 서울에 비해 높은 수치를 보였다. 당시 대구시의 가로수로는 양버즘나무 47.3%, 은행나무 23.7%로 두 가지 수종에 대한 편중현상이 심했고, 그 외에 은단풍(4.3%), 느티나무(3.7%) 등이었다. 그러나 서울의 경우 양버즘나무 47.8%, 은행나무 41.4%로 두 수종에 대한 의존율이 더 높았다. 반면 일본의 경우 전체 가로수 중 1개수종(은행나무)만 10%를 넘을 뿐 주요 수종들은 2~7%로 가로수종이 다양하고 균등하게 심겨져 있다.

1990년대 후반부터 대구시는 나무심기 운동의 일환으로 가로수 심기와 수종개선을 한 결과 2002년에는 33개종 14만여 그루에 달하게 되었다. 수종도 다양화되어 전체 가로수에서 양버즘나무가 차지하는 비중은 26.4%, 은행나무 24.0% 등으로 줄어들었다. 그러나 아직 5대 종이 차지하는 비중이 83%에 달하기 때문에 수종의 다양화에 대해 더 많은 관심을 가져야 하겠다.

도시의 가로수가 안고 있는 또다른 문제는 가로수가 자라는 환

<표 1> 대구의 가로수 현황

연도	합계	양버즘나무	은행나무	느티나무	왕벚나무	중국단풍	5대종 계
2000	31개종 131,826	37,825	31,959	21,685	12,611	5,750	109,830
(%)	100	28.7	24.2	16.5	9.6	4.4	83.4
2002	33개종 143,546	37,937	34,478	25,695	14,072	7,210	119,392
(%)	100	26.4	24.0	17.9	9.8	5.0	83.1

자료: 대구시 환경녹지국, 2000, 2002, 대구시 가로수 현황 자료.

적극적인 녹지조성정책의 일환으로 가로수 병렬심기는 보도를 가로수 터널로 녹도
화함으로써 가로경관을 크게 개선시키고 있다.

경적 조건이다. 특히 도심의 가로수는 다른 도시녹지에 있는 나무
들에 비해 상태가 더욱 심각하다. 자동차의 매연으로 대기오염이
매우 심하고, 또한 토양이 강산성을 보일 뿐만 아니라 오랜 시일이
지남에 따라 토양 입자가 고결되고, 특히 사람들이 밟고 다니기 때
문에 토양이 굳어져 가로수의 정상적인 생육이 어려운 상황이다.
이에 따라, 환경오염에 강한 수종을 선택하여 심지만, 지지대를 받
치지 않고서는 성장하기 어려울 정도이다.

뿐만 아니라 도시의 인공환경, 특히 도로의 각종 시설물들이 가
로수의 성장을 방해한다. 예로, 도로표지판을 설치할 경우 운전자
나 보행자가 불편하지 않도록 가로수의 가지와 잎을 잘라내기도 한
다. 또한 가로등의 경우도 가로수의 성장에 여러 가지 제약을 미치
고, 전봇대와 전선도 가로수의 성장을 고려하지 않고 설치되기 때

전선과 뒤얽혀 있는 양버즘나무: 가로수는 안전사고 예방과 수형 유지를 위해 가지 치기를 해주지만, 주변 상황에 잘 맞지 않게 획일적으로 하는 경향이 있다.

문에 생육에 지장을 받는다. 심지어 도로주변 주민들이 상가 간판의 시야 확보나 각종 물건들의 이동이나 진열을 위하여 때로 의도적으로 가로수의 성장을 막거나 고사시키기도 한다.

도시의 가로수가 제대로 성장하면서 그 역할을 하도록 하기 위해서는 우선 환경에 적합한 수종을 선정하여 현재의 획일적인 가로경관을 지양하고 각 노선별로 특색 있는 가로경관을 조성할 필요가 있다. 가로수의 일반적 선정기준으로, ① 여름에 짙은 그늘을 제공하고 겨울에는 햇빛을 가리지 말아야 하며, ② 생장력과 맹아력이 강해 정지 및 전정시 생장에 지장이 없어야 하고, ③ 나무의 모양이나 잎 등이 아름답고 정연해야 하며, ④ 이식이 용이하고 병충해와 공해에 강하고, ⑤ 묘목의 입수가 용이하고, 가능하다면 우리 자생수종으로 시민들에게 친밀감을 주어야 한다.

한편 가로수는 안전사고 예방과 수형유지를 위하여 전정(가지자르기)을 하는데, 획일적으로 하기보다는 주변 상황에 맞추어 적절하게 해야 한다. 또한 병충해에 대해서도 수종별로 발생시기를 파악하여 약제를 살포하고, 봄과 가을에 적합하게 비료를 주어야 한다. 가로수의 올바른 생육환경을 위해서는 토양조건의 개선이 시급하다. 가로수 보호대는 성장을 고려하여 유연하게 하고, 토양의 굳어짐을 방지하기 위하여 가로수 보호덮개를 설치해야 한다. 무엇보다도 시민 스스로가 가로수 관리인이라고 생각할 수 있도록 가로수 시민 관리제를 정착시켜나가야 할 것이다.

대구시의 녹지 조성정책

이러한 도시녹지 및 가로수 조성의 의의와 그 효과는 대구시가 정책적으로 추진한 푸른 대구가꾸기 사업을 통해 경험적으로 살펴볼 수 있다. 대구시는 제1차 추진기간(1996~1999년 4년간)에 도시녹화위원회를 구성하고, 조경관리조례를 제정했으며, 총 986억 원을 들여 나무 327만 그루를 시가지 일원과 공원, 생활권주변에 심

(왼쪽) 도시의 가로수: 일반적으로 도시의 가로수는 대기오염과 토양의 산성화 등으로 제대로 성장하지 못하고 있다. (오른쪽) 도로 가운데 마련된 소규모 녹지, 교통섬: 넓은 도로와 무성한 가로수들과 어우러져 도시경관을 개방적이고 부드럽게 만들고 있다.

었다. 특히 가로수 병렬식재, 교통섬 조성과 나무 식재, 건물 자투리땅 나무심기 등 도시 생활공간에 녹지를 조성하고 시민 휴식공간을 마련하고자 노력했다. 또한 2단계(2000~2002년)로, 총 1,276억 원을 투입하여 총 2,000만 그루의 나무심기 사업을 추진하고 있다.

이러한 나무심기 사업은 담장허물기 운동이나 낙엽이 있는 거리 만들기 운동 등과 함께 추진함으로써 그 효과를 배가시키고자 했다. 대구시는 경북대 치대, 동산의료원 등 도심 건물의 담장 126개를 헐고 분수와 정원을 만들었다. 또한 대구시는 도심이나 그 주변에 생태공원을 조성하여 녹지를 확대시키는 정책을 시행해왔다. 대표적으로 도심 한복판에 있었던 옛 대구시경 부지(1만 3,000평)에 조성된 국채보상기념공원에는 느티나무·대왕참나무·양버즘나무 등이 숲을 이루고 있고, 옛 중앙공원에서 이름이 바뀐 경상감영공원 일대도 숲으로 바뀌어 시민들의 쉼터가 되고 있다.

또한 국채보상로·달구벌대로 등 시내 중심도로 19.7km 구간에 녹도(가로수 터널)화를 위한 가로수 병렬심기가 이루어졌다. 또한 대구시 임업시험장에서는 푸른 대구가꾸기 사업의 일환으로 대곡 생태공원 조성사업을 추진하여, 시민들에게 자연학습장 및 휴식공간을 제공하고 있다. 이에 따라, 1996년 302개이던 도심공원(소공원 포함)이 2001년 421개로 증가하여 서울 다음으로 많게 되었다. 또한 녹지면적은 5년 전보다 37.3%, 가로수는 57%나 증가했다. 대구 시민 19명당 1그루꼴로 서울(40명당 1그루)과 부산(44명당 1그루)보다 가로수가 월등히 많아 전국 최고수준에 달하였다.

대구시는 이러한 푸른 대구가꾸기 사업의 결과, 녹지경관의 확보와 시민 휴식공간의 마련뿐만 아니라 대구시의 여름철 기온이 떨어지는 효과를 가져왔다고 주장하고 있다. 이 주장에 의하면, 도시의 인공환경이 확대되면서 녹지가 줄어 국지적 고온현상이 나타나는

새롭게 조성된 도심 소공원: 담장허물기 운동과 함께 추진된 도심 소공원 조성은 삭막한 도심의 시민들에게 휴식과 대화의 공간을 마련해주기도 한다.

도시 열(熱)섬현상이 심화되지만, 녹지공간을 충분히 확보하면 고온현상을 낮출 수 있다. 특히 식물은 **흡수한** 수분을 증발시키는 증산작용으로 대기 중의 열을 줄여준다는 것이다.

그러나 도시 나무심기 운동의 효과를 지나치게 강조하는 데 대해서는 환경단체 일각에서 의구심을 드러내고 있다. 대구시의 나무심기와 기온하강 간 상관관계에 대해 아직 정확한 설명이 불가능하다는 것이다. 즉 "나무의 증산작용이 기온하강을 일으키는 것은 분명하지만, 예전보다 늘어난 에너지 소비량과 도심 콘크리트화 비율 등 기온상승 인자를 고려하지 않고 녹지만으로 기온하강을 설명하는 것은 넌센스"라는 주장이다. 나무심기의 중요성과 그 효과에 대해서 공감하지만, 도시 전체의 기온관리계획 없이 무조건 나무심기만을 강조하는 것은 효과를 반감시킬 수 있다.

그동안 도시인들은 휴식공간의 부족과 환경오염의 심화로 심신이 찌들어왔지만, 소득의 향상과 여가시간의 증대로 좀더 쾌적한 생활환경을 요구하게 되었다. 도시의 녹지는 이러한 도시인들에게 휴식 및 건강의 기회를 제공하며 자연과 더불어 시민들간에 만나 대화를 할 수 있는 공간을 마련해준다. 또한 도시녹지는 도시주변에서 시가지의 무분별한 확대를 미연에 방지함과 동시에 자연자원을 보호하고 보존하며 도시시설의 유기적인 배치와 함께 쾌적한 도시경관을 가져다준다. 앞으로 도시의 지자체들은 도시녹지를 더욱 확대시키기 위하여 보다 체계적인 방안들을 모색하고, 시민들도 녹지와 가로 조성에 더 많은 관심을 가지고 가꾸어나가야 할 것이다.

(추가)

참고문헌

권영아. 2002, "뜨거운 도시, 녹지가 식힌다", ≪함께 사는 길≫, 7월호.

김수봉·김해동. 2000, 대구광역시 최근 난기후 기온분석과 공원녹지의 효과(2000. 7. 28. 발표 자료), http://envi.daegu.go.kr.

신현탁. 2002, 「대구광역시 가로수 현황 및 관리방안」, ≪녹색사회≫(대구경북환경연구소 편), 제4호.

이경재. 1999, 「서울시 녹지축(그린네트워크) 구축 방안」, ≪녹색서울 21≫, 서울특별시, 녹색서울시민위 발간, 5월호.

이기의·조현길. 2000, 「도시녹지의 에너지 절약 및 대기 CO_2 농도저감과 계획지침」, ≪한국조경학회지≫, 27(5).

이인성·한재웅. 2001, 「1985~2000년의 서울시 녹지잠식 경향의 분석」, ≪대한국토도시계획학회지≫(국토계획), 36(3).

내셔널트러스트 운동과 양동마을의 보전

1960년대 이후 우리 사회는 급속한 경제성장과 대규모 국토개발 과정을 추진하면서, 생태 및 문화자원의 파괴와 훼손을 방치해왔다. 이로 인해 귀중한 국민적 자산이 점차 황폐화·소멸되었고, 관련 지역 주민들이나 시민단체들의 안타까움을 자아내었다. 이러한 상황에서 애를 태우던 주민들과 시민들이 나서서 이러한 자원들이 가지는 생태적·문화적 가치의 중요성을 강조하고 이를 위한 다양한 방안들을 강구하였다. 또한 이들의 요구에 따라 정부(중앙 및 지방)도 직접 나서서 이러한 자원들을 보전하기 위한 정책들을 시행하게 되었다.

그러나 정부나 시민단체들에 의해 위임받은 업체들은 귀중한 생태 및 문화자원들을 자연적 또는 역사적으로 그냥 주어진 것으로 간주하거나, 또는 화폐가치로 평가하여 보전하거나 개발하는 대상으로 간주하는 경향이 있었다. 이에 따라 생태적으로 주요한 가치를 가지는 동식물이나 경관, 역사적으로 소중한 유산인 전통생활양식과 문화재들은 현대생활과는 무관하게 대상화되거나 화석화되었고, 단지 돈을 벌기 위한 대상으로 상품화되거나 관광객을 끌기 위한 관람용으로 복원되었다.

이와 같이 생태 및 문화분야에서 국가 주도적인 보전정책은 국민들의 다양한 문화적 욕구와 정서와는 무관하게 추진되었으며, 이에 따라 국민들은 자연 및 문화유산의 향유에 있어서 수동적으로 임할 수밖에 없었다. 이러한 보전정책은 일정한 한계를 가질 수밖에 없고, 따라서 국민 스스로 가꾸고 지키며 만들어나가는 능동적 자세와 실천이 절실히 필요해졌다. 이러한 맥락에서 등장한 생태 및 문화 자원보전운동이 바로 내셔널트러스트 운동이다. 이 운동은 시민들이 직접 나서서 생태 및 문화자원들에 잠재되어 있는 또다른 대안적 가치를 발견하고 이를 지키려는 노력이라고 할 수 있다.

내셔널트러스트 운동의 의의

내셔널트러스트 운동(국민신탁운동, national trust movement)은 시민들의 자발적인 기부나 모금, 증여 등을 통해 모아진 자금으로 보존가치가 높은 생태 및 문화유산을 확보하여 시민 주도하에 영구히 보전·관리하는 새로운 시민환경운동이다. 이 운동은 아름다운 자연과 문화환경을 보전하고 미래세대에 물려주는 것을 목적으로 한다. 이 운동의 대상지역은 희귀 생태지역, 우수 경관지역, 그리고 역사·문화적 유적 및 그 주변지역 등이다. 이러한 시설이나 지역들 가운데 특히 정부나 지방자치단체로부터 관리되지 않아 훼손될 위기에 처한 것들로서 국민들의 인지도와 참여도가 높은 지역을 우선 선정하여 보존하고자 한다.

내셔널트러스트 운동은 1895년 영국에서 시작되었다. 당시 영국은 급격한 산업화와 도시화로 생활환경의 파괴가 커다란 사회문제로 대두되면서 다양한 실천운동(예, 전원도시운동, 농촌경관보존운동 등)이 출현하였고, 그 중의 하나가 바로 이 운동이었다. 이 운동을 통해 영국은 무분별한 개발로부터 귀중한 자연자원이나 역사적 환경을 시민의 자발적인 힘으로 지켜냈다. 현재 영국의 내셔널트러스트 운동 재단은 영국 토지의 1.5%, 해안지역의 17%나 소유하고 있으며, 회원이 250만 명, 연간 예산이 3,000억 원을 넘는다고 한다. 이러한 내셔널트러스트 운동은 영국뿐만 아니라 미국, 일본, 뉴질랜드 등 24개 선진국에서도 활발하게 전개되고 있다는 점에서, 이제 세계적인 자연 및 문화유산 보전운동으로 발전했다고 할 수 있다.

내셔널트러스트 운동은 환경, 문화자산을 단지 보존만 하는 것이 아니라 일반 시민 및 회원들이 이를 관람·이용·활용하도록 하고, 보존을 위한 홍보 및 선전활동도 담당한다. 또한 이 운동은 보유한 자산을 활용하여 재정수입을 확보하기도 한다. 영국에서는 이 사업을 추진하기 위하여 상응하는 부서와 조직을 운영하고, 각 지방별로 회원들이 자체적으로 운영하는 지방 클럽이 195개에 달한다. 이에 따라 영국 어디를 가든 내셔널트러스트가 소유하고 관리하는 숲, 정원, 강, 고택, 유적, 선물가게, 민박시설 등을 쉽게 볼 수 있다. 영국 내셔널트러스트 운동은 ① 그 목적으로 환경의 사회적 자본화(social capital) 방식으로 시민의 자산기부와 자원봉사를 통한 활동, ② 활동 의의로서 환경의 소극적인 보전으로부터 적극적인 활용을 추구하는 종합적이면서 지속적인 운동, ③ 전개방식에 있어 전국적이면서 지방적인 조직의 네트워크 활용 등을 추구한다.

일본의 내셔널트러스트 운동은 1964년 가마쿠라(鎌倉) 풍치보존회가 만들어지면서 시작된 것으로 알려져 있다. 이후 홋카이도 시레토코 국립공원의 땅 매입 운동, 나가노 현 쓰마고 우편도시 보전운동 등으로 확산되면서, 적극적인 시민들의 참여로 자연자원과 문화유산을 보전하려는 운동으로 자리 잡게 되었다. 일본의 내셔널트러스트 운동은 1999년 6월 현재 전국규모 조직 5개, 지역단위 조직 37개, 개인 후원회 835개가 이 운동의 디렉토리에 등록되어 있다. 대규모 단일 조직으로 되어 있는 영국의 경우와는 달리, 일본은 몇 개의 전국적인 트러스트 조직이 지역단위 조직과 개인 후원회에 기초하여 완전히 풀뿌리 조직으로 이루어져 있다.

내셔널트러스트 운동의 국내 도입

우리의 전통사회에서도 동네 주민들이 마을재산을 공동으로 소유하면서 자연자원을 공동으로 관리하고 영구보전하던 아름다운 전통이 있었다. 그러나 자본주의 경제가 본격적으로 도입되면서 이러한 전통은 점차 사라지고, 토지를 포함하여 모든 자원들이 사적으로 소유되고 상품으로 판매되었다. 특히 최근 그린벨트 해제조치나 국립공원, 접경지역 등에 대한 끊임없는 개발 압력으로 인해 보전해야 할 자연·문화자산이 개발이익이라는 시장가치에 의해 일방적으로 재단되고 있는 실정이다.

이러한 문제점을 자각한 지역 주민이나 시민들과 환경단체들은 내셔널트러스트 운동을 본격적으로 도입하기 이전에도 이미 이러한 성격을 가진 운동을 추진해왔다. 예로, 1994년에 시작된 광주 무등산 공유화 운동은 내셔널트러스트 운동의 성격으로 시작되었고, 그 이후 '정골을지키는시민의모임'에서 추진한 대전 오정골 지키기 운동, 녹색연합의 태백 변전소 부지 땅한평사기 운동 등이 추진되었다. 그리고 2000년 1월 25일 공식적인 운동단체로서 '한국 내셔널트러스트 운동(The National Trust of Korea)'이 창립되었고, 그 이후 많은 지역환경운동단체들도 이러한 흐름에 참여하고 있다. 예로, 시흥 YMCA와 시흥환경운동연합 등이 공동으로 시흥 개펄을 대상으로 이 운동을 준비하고 있고, 대구에서는 대구환경운동연합이 많은 관심을 가지고 있다.

새롭게 도입된 내셔널트러스트 운동은 기존의 환경운동과는 다른 몇 가지 주요한 특성을 가진다. 첫째, 내셔널트러스트 운동은 생태·문화적 가치의 사회적 자본화를 추구하는 가치 지향적 운동이다. 즉 이 운동이 추구하는 환경·생태가치의 사회적 자본(소유)화는, 결국 환경론자들이 환경의 잠재적 가치를 통제함으로써 토지를 둘러싼 사적 이윤창출과 그에 따른 자연생태계 파괴를 궁극적으로 제어하는 것을 목적으로 하고 있다. 특히 환경가치의 사회적 자본화는 환경자산을 사회화하여 공유하며, 이를 영구보전하여 미래세대와도 공유하고, 또한 자연을 인간과 공존하는 관계로 이해한다는 점에서 내셔널트러스트 운동은 환경정의를 실현하기 위한 주요 방안이 된다.

둘째, 내셔널트러스트 운동은 주민(시민) 참여를 필수적 조건으로 한다. 이 운동은 수탁과 신탁 관계를 형성하기 위해 토지 소유자의 동의와 다수의 기부자를 전제로 하고 있다. 전통적 농업에 의존하여 발전해온 우리 사회는 지금도 땅에 대한 집착이 강하기 때문에 이에 대한 기득권을 포기한다는 것은 매우 어려운 일이다. 나아가 토지 소유자가 기꺼이 땅을 내놓는다고 할지라도, 이 땅을 매입할 기금을 조성하기 위하여 많은 회원들의 참여가 필요하다. 따라서, 토지 소유자와 시민들의 적극적인 참여가 요구되는 운동이다.

셋째, 이 운동은 사전 예방적이고 적극적인 성격을 내포하고 있으며, 영구보전을 위한 지속성을 전제로 한 운동이다. 잠재된 생태·문화적 가치를 보전하기 위하여 토지의 개발이 이루어지기 전 단계부터 시작하는 운동으로, 단순한 개발 반대운동에서 적극적으로 참여하여 가치를 보전하고자 하는 운동이다. 또한 이 운동은 선정된 토지를 단순히 매입·보관하는 것이 아니라 영구적으로 관리·보전하기 위하여 지속적으로 프로그램을 운영해야 한다. 이러한 프로그램의 운영은 안정적인 재원을 창출하고 지속적인 인적 결합을 통해 운동이 지속될 수 있도록 한다.

이러한 운동이 성공적으로 전개되기 위해서는 우선 이 운동을 관장할 튼튼한 단체의 조직이 필요하다. 이 조직은 순수한 시민단체 또는 민관협력 형태로 구성될 수 있으며, 특히 이 운동을 전개할 지방조직의 구성과 연계망의 구축이 중요하다. 또한 효과적인 회원 확충과 다양한 신탁방법이 모색되어야 하며, 이를 위해 신탁의 사회적 인정과 정부의 뒷받침이 요구된다. 그리고 신탁된 자원을 영속적으로 관리하기 위한 방안(지역탐사, 시설 임대 등)과 이를 보조(로고가 찍힌 양말이나 장갑, 책, 음반 등 그 외 친환경적 선물상품 등)하거나 관련된 활동(홍보, 교육 등) 프로그램들이 개발되어야 한다. 기본적으로 재정의 안정적 확충이 전제되어야 하며, 이러한 점들을 위해 국민환경신탁 관련법의 제정이 필요하다고 하겠다.

우리 나라에서 이러한 내셔널트러스트 운동을 활용할 수 있는 대상과 영역은 무궁무진하다고 하겠다. 보전가치가 높지만 그동안 방치되거나 개발로 인해 훼손된 많은 생태·문화유산들이 산재해 있다. 대표적인 사례로 경주 강동면 소재 양동마을을 들 수 있다. 이 마을은 가장 한국적인 전통마을의 원형을 간직하고 있음에도 불구하고, 체계적인 지원과 보전정책의 미흡으로 인해 점차 그 원형을 잃어가고 있다는 점에서, 내셔널트러스트 운동을 적용하기 위한 방안을 모색해볼 수 있다.

자연과 문화가 어우러져 있는 양동마을

경상북도 경주시 강동면 양동리에 위치한 양동마을은 자연과 잘 어우려져 있으면서도, 우리 나라에서 안동의 하회마을과 함께 조선 시대의 마을 형태를 잘 보존하고 있는 전형적인 양반마을(班村)이다. 양동마을은 경주 손씨(慶州 孫氏)와 여강 이씨(驪江 李氏)의 씨족마을로서 약 600여 년의 역사를 가지고 있다. 입향조(入鄕祖)는 경주 손씨인 혜민공 손소(1433~1484)이며, 그의 차자인 우제 손중돈(1464~1529)과 외손인 해제 이언적(1491~1553) 등이 마을의 기반을 다졌다.

양동마을은 자연지리적으로 포항-안강 간 28번 국도의 북쪽에 입지해 있다. 마을의 북서쪽에는 설창산(95m)이, 남동쪽에는 성주봉(109m)이 위치하고 있으며, 마을 남쪽에서 형산강과 합류하는 안락천이 마을 서쪽에서 흐르고 있다. 형태는 한자의 물(勿)자형을 가지고 있다. 이는 설창산에서 내려오는 산 능선과 골짜기가 네 줄기로 이루어져 있기 때문이다.

이 마을의 구성원리는 이러한 지연(地緣: 勿자 형국)과 혈연(血緣: 손씨, 이씨) 외에 수계와 자연지형에 의한 공간의 구분·확장이 일정한 법칙을 이루는 수연(水緣)의 개념을 내포하고 있다. 마을 단위들에 위치한 우물, 배수로, 개울, 주변 하천 등을 살펴보면, 양동마을의 수연은 산림과 농경지에 의해서 형성된 지연과 결합되어 마을의 중요한 골격을 이루고 있고, 마을의 지역성과 장소성을 유지해온 것으로 조사되었다. 마을 내부의 숲과 수목들은 그 자체로서 경관이 뛰어나지는 않지만, 주변 자연과 마을 내의 주거경관이 함께 어우러지도록 하여 마을의 장소성을 유지하는 데 기여하고 있다.

이러한 양동마을이 현재와 같이 원형을 유지하고 있는 것은 여

자연과 문화가 어우러져 있는 양동마을 전경: 마을 전체가 중요민속자료(189호)로
지정되어 있을 정도로 생태·문화적으로 중요한 의의를 가지고 있다.
(http://www.yangdongsarang.com/index.htm)

러 가지 이유에 근거한다. ① 이 마을은 역사적으로 생산양식의 변
화를 쉽게 수용할 수 있는 지리적 조건을 갖추고 있으며, ② 마을
을 보존할 수 있는 내부 규약과 종법적 질서가 잘 지켜졌으며, ③
교육과 종교의 기회가 균등하게 제공됨으로써 마을이 지속적으로
유지될 수 있도록 했다. 이와 같이 마을의 전통성이 잘 유지됨에
따라 현재 보물 3점, 중요민속자료(단일건물) 12점, 지방유형문화재
3점 등 18점의 지정문화재와 약 30여 채의 비지정문화재급 고가
(古家)를 보유하고 있다. 또한 마을 전체가 1984년 12월에 문화재
보호법의 '중요민속자료(189호)'로 지정(면적은 54만 1,686m^2, 317필
지)되었다.

　그러나 양동마을 역시 다른 전통마을과 마찬가지로 일제시대 이
후 근대화 과정을 거치면서 크게 변화되었다. 우선 지적될 수 있는
점은 일제시대에 양동초등학교(1910년)의 설립과 사설철도인 경동
선(1918년)의 개설로 마을 진입이 변경되었고, 이로 인해 마을 진입

부의 상징적 기능들이 파괴되었다. 또한 일제시대를 기점으로 인구 및 가구수가 계속 감소하면서, 가랍집들도 소멸하여 논밭으로 용도 변경이 이루어졌다. 즉 1914년 208가구 1,253명의 인구를 유지하고 있었던 양동마을은 1929년 274가구 1,588명으로 증가했으나, 1931년에는 249가구로 감소한 것으로 조사되었고, 특히 6·25 이후 인구가 크게 유출되어 1965년에는 175가구 945명으로 줄었다. 그 이후에도 인구가 계속 유출되어 1970년에는 167가구 778명, 1986년 134가구 529명으로 줄었고, 2002년 현재 119가구 341명이 살고 있는 것으로 조사되었다.

마을의 외형이 가장 큰 변화를 겪었던 시기는 새마을운동이 진행되었던 1970년대로 다리와 농로개설, 경지정리 등이 이루어졌고, 안계저수지가 건설되고 마을 창고 및 마을 회관이 신축되었으며, 지붕 재료의 변화도 있었다. 1970년대 중반 이후 마을보호운동이 시작되면서 1984년 중요민속자료(189호)로 지정되고 외형상 법적 보호를 받게 되었다. 그러나 국가의 보호정책은 기대감만 유발시켜 오히려 마을 자체 및 주민의 자발적 개선노력을 저하시키고 마을을 정체상태에 빠뜨렸다.

1980년대 중반 이후 양동마을의 경관을 복원하기 위한 정책들(기존 시설의 해체 및 신축금지, 주거의 원형 복원, 전신주 지중화 등)이 시도되었지만, 오히려 주민들과 갈등을 유발하기도 했다. 또한 방문객과 주민을 위한 각종 공공사업, 예로 공공주차장과 안내소, 상수원 및 하수로 공사, 홍수범람에 대비한 둑 공사 등이 진행되었다. 최근에는 관광객이 더욱 증가하면서, 유네스코에 의해 세계문화유산으로 지정받기 위한 절차를 진행시키고 있다.

<표 1> 양동마을의 보전대상

항목		유형
물적자원	자연자원	마을 내·외의 자연지형, 물(勿)자형 구조
		산림 마을 내: 설창산, 성주봉 마을 외: 주변 산림
		수계 양동천, 안락천, 형산강(진입부), 수연(水緣; 수계와 마을의 관계)
		농경지 마을 내: 양동들, 텃밭(가랍집터) 마을 외: 양동들, 현풍들
		동산 관가정 앞, 경산서원 옆
		숲 서백당 뒤 송림, 이향정 옆 송림, 팽나무, 수졸당 옆 송림, 동호정 옆 오죽림, 밤나무 군락 등
		수목·초화류 수목: 정자목(은행나무), 노거수(향나무, 은행나무, 회화나무, 느티나무, 오동나무, 버드나무, 팽나무 등) 초화류: 각종 야생화 군락 등
	문화역사자원	**문화재** 지정문화재 18점, 마을 자체(중요민속자료 189호)
		비문화재 / 생산생활관련 30여 채 고가(한옥), 일반 주거, 정자목 공간, 우물 주변, 후원 등
		비문화재 / 경관관련 고목, 단위점경물, 담장선, 군집경관(주거군), 마을 전경 등
		비문화재 / 구조관련 마을 진입로, 안길과 샛길, 개울, 농경지 등
비물적자원	시각으로 확인 가능한 것	**종가위치** 서백당, 무첨당, 수졸당 등 종가 및 주변 입지구조
		입지구조 농경지-내-마을입구-안길-샛길-가랍집-샛길-양반집의 연계구조
	내재된 논리를 읽을 수 있는 것	**공간구조** 신분·남녀 관계 등이 내재된 공간구조, 가랍집과 양반집과의 공간적 위계, 옛날 빨래터·목욕터 등의 위치 등
		마을축 서백당-무첨당-향단-관가정-마을 입구의 마을축
		마을영역 분가와 상속에 따른 공간확산 패턴 등
		주거군 패턴 입지조건에 따라 형성된 9개의 주거군 패턴
	생활질서 속에 남아 있는 것	마을의 향약, 민속놀이, 마을제사, 마을 자체 행사, 생활도구 등

자료: 강동진, 2002, 「지속가능한 양동마을을 위한 내셔널트러스트 운동의 적용방안」.

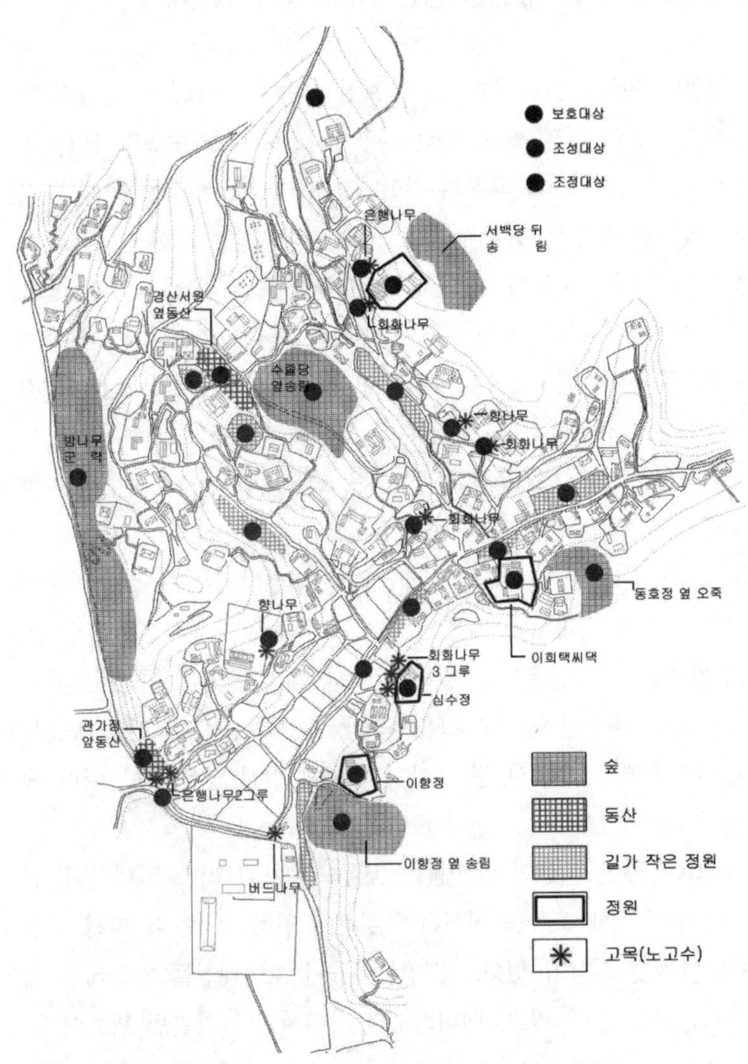

<그림 1> 양동마을의 자연자원

자료: 강동진, 2002, 「지속가능한 양동마을을 위한 내셔널트러스트 운동의 도입방안」.

내셔널트러스트 운동을 통한 양동마을의 보전대책

양동마을에는 생태·문화적으로 보전될 가치가 있는 많은 물적·비물적 자원들이 널려 있다. 우선 자연자원으로 마을 주변의 산림, 농경지, 수계 등과 마을 내부의 자연지형, 수계, 숲과 각종 수목, 초화 등을 들 수 있다. 뿐만 아니라 마을과 자연지형이 함께 어울리도록 한 물자형 마을 구조와 수계 및 농경지와 마을과의 관계 등도 중요한 보전대상이 된다. 마을 내부의 숲과 수목들은 기본적인 녹음효과 외에도 주변 자연을 마을로 이어주고 단위시설들을 마을 전체와 결합하여 조화롭게 하는 마을 경관의 조정자 역할을 수행해왔다.

양동마을의 역사적 문화자원으로는, 전통적인 건축양식을 간직하고 있는 고가옥들뿐만 아니라 우물, 담장, 마을 진입로, 농경지 등을 들 수 있다. 또한 내셔널트러스트의 대상이 될 수 있는 비물적 자원으로는 종가위치와 마을의 입지구조 등과 관련된 '시각적으로 확인가능한 것', 마을의 공간구조, 마을축, 마을영역, 주거군 패턴 등과 같이 '내재된 논리로 읽을(해석할) 수 있는 것', 그리고 마을향약, 마을축제, 마을제사 등 생활질서 속에 현재 남아 있는 여러 행사들을 들 수 있다.

이러한 자연·문화적 자산들이 모두 내셔널트러스트 대상이 될 수 있지만, 실제 운동을 진행하기 위하여 일정한 기준에 따라 우선순위를 정할 필요가 있다. 즉 양동마을의 보전대상들 가운데 현재 국가의 관심 밖에 있고, 내버려두면 사라지거나 훼손될 확률이 높은 것들을 파악하여야 한다. 그러나 실제 양동마을은 한편으로 마을 전체가 국가에 의해 중요민속자료로 지정되어 있지만, 다른 한편으로 획일적인 보존정책으로 인해 오히려 많은 문제점을 안고 있다. 특히 건축물과 관련된 물적 환경중심으로 보존위주의 유지·관

내셔널트러스트 대상이 될 수 있는 마을 내 폐가: 내버려두면 사라지거나 훼손될 확률이 높은 것들부터 우선 대상이 되어야 할 것이다.

몇 년 사이(1994/2002) 황폐해진 마을 입구: 이곳도 내셔널트러스트의 우선 대상으로 고려된다.

리에 치우치다 보니 양동마을 존속의 주체인 주민들에 대한 배려가 전혀 이루어지지 못하고, 오히려 갈등관계를 자아내고 있다는 점이다.

따라서 양동마을에 내셔널트러스트 운동을 도입하기 위하여, 우선 국가미지원 대상들을 확인할 필요가 있다. 예로, 문화재로 지정되지 아니한 일반 가옥과 주택이나 마을에 부속된 각종 단위 소공간, 즉 마당, 진입로 등의 마을길과 소하천, 마을숲과 정원들, 우물이나 다리 등의 각종 장치물 등이 이에 해당된다. 이러한 대상물 가운데 우선 순위를 정하여 단계적으로 내셔널트러스트를 체계적으로 적용해나가야 할 것이다.

또한 이를 위하여 각종 보전 및 관리 프로그램을 개발하여 운영하고, 다양한 행사와 홍보도 함께 하여 주민들과 일반 시민들의 관심을 고조시켜나가야 할 것이다. 특히 내셔널트러스트 운동은 지역 주민들의 주체적 참여 없이는 불가능하다는 점에서, 주민참여와 조직을 적극적으로 유도할 수 있는 방안을 강구해야 한다. 내셔널트러스트 운동은 단순히 생태·문화적 가치가 있는 자원을 보전·관리하기 위한 것에서 나아가, 국민 개개인이 생태 및 문화유산의 주인이고 주체라는 사실을 인식할 수 있는 이념과 틀을 만들어내고, 이를 토대로 기본적인 삶 속에서 이를 스스로 체험하고 생활화할 수 있도록 하는 것이다.

(추가)

참고문헌

강동진. 2002, 「지속가능한 양동마을을 위한 내셔널트러스트 운동의 적용 방안」, 대구경북환경연구소 보고서.

오성규. 2002, 「내셔널트러스트 운동: 시민 주도의 환경·문화자산 공유화」, 이병철 외, 『녹색운동의 길찾기』, 환경과 생명.

정성관·유주한. 2002, 「자연자원 보전지역의 평가모형 — 내셔널트러스트 후보지 선정을 중심으로」, ≪한국조경학회지≫, 30(2).

조명래. 2001, 「새로운 시민환경운동으로서의 내셔널트러스트 운동」, 『녹색사회의 탐색』, 한울.

조명래. 2002, 「한국의 자생 내셔널트러스트 운동의 평가」, ≪지역사회개발연구≫, 27(1).

금호강의 노랑어리연꽃과 연꽃 축제

關雎(물수리)

關關雎鳩 在河之洲
끼루룩끼루룩 우는 물수리새는 냇물 모래톱에 노니네.
窈窕淑女 君子好逑
그윽히 아름다운 숙녀는 군자의 좋은 짝이라네.

參差荇菜 左右流之
크고 작은 노랑어리연꽃을 이리저리 따라다닌다네.
窈窕淑女 寤寐求之
그윽히 아름다운 숙녀를 자나깨나 구한다네.

求之不得 寤寐思服
구해도 얻지 못하여 자나깨나 생각하나니.
悠哉悠哉 輾轉反側
이 밤이 길고도 길어라, 이리 뒤척 저리 뒤척 한다네.

연밭 속의 왜가리: 물수리는 아니지만 연밭 속에서 종종거리는 모습이 아름다운 풍경을 연출한다.

參差荇菜　左右採之
크고 작은 노랑어리연꽃을 이리저리 따 담는다네.
窈窕淑女　琴瑟友之
그윽히 아름다운 숙녀를 거문고와 비파로 벗삼는다네.

參差荇菜　左右芼之
크고 작은 노랑어리연꽃을 이리저리 삶아낸다네.
窈窕淑女　鐘鼓樂之
그윽히 아름다운 숙녀를 종과 북을 타게 하며 즐긴다네.

5연으로 된 이 사언고시(四言古詩)는 중국에서 가장 오래된 시가집인 『시경(詩經)』의 첫머리를 장식하고 있는 작품이다. 이 시는 남녀간의 지순한 사랑을 노래한 서정시로서, 특히 강가의 물수리새와 노랑어리연꽃과 관련지어 사랑이 완성되어가는 과정을 솔직하고 친근한 어조와 비유적·영탄적 심상으로 잘 표현하고 있다. 즉 군자가 요조숙녀를 찾아 애태우는 모습을 모래톱에서 물수리새가 노랑어리연꽃을 따라 종종거리는 모습에 비유하여 눈에 훤하게 들어올 정도로 정감 있게 그려놓고 있다. 물수리는 현재 환경파괴와 오염으로 생존을 위협받고 있는 세계적 희귀종이 되었지만, 노랑어리연꽃은 금호강변에서 군락을 이루고 있다.

노랑어리연꽃과 금호강 습지

노랑어리연꽃은 우리 나라에서도 제주도를 제외한 전국의 연못이나 늪지, 저수지, 하천의 정체된 물에서 자생하는 여러해살이 수생식물이다. 마름나물, 노랑이, 연엽행초, 금연자, 행채 등으로 불리기도 한다. 노랑어리연꽃은 연꽃이라는 이름을 가지지만, 수련과에 속하는 것이 아니고 용담과에 속하는 수초이다. 땅속줄기는 물 속

노랑어리연꽃: 연꽃이라는 이름을 가지지만 수련과가 아니라 용담과에 속하는 수초이다. 전국의 연못이나 늪지 등에 군락을 이루고 자라면서, 7~9월에 털이 있는 노란 꽃을 피운다.

군락을 이루고 있는 노랑어리연: 금호강 중류에 위치한 안심습지와 그 주변에는 노랑어리연꽃이 군락을 이루면서 자생하고 있다.

의 진흙에서 길게 뻗어 자라며, 잎은 줄기의 마디에서 여러 장 모여서 나고, 물의 깊이에 따라 조정되는 긴 잎자루로 물 위에 뜨며 잎 자체는 지름 5∼10cm 정도이고 난형 또는 원형이다.

꽃은 7∼9월 사이 여름철에 꽃줄기에서 하나씩 꽃이 피는데, 가장자리에 털이 있고 노란색이다. 9월경에 열매를 맺지만, 뿌리줄기가 뻗어나가면서 새로운 개체를 형성하여 번식한다. 식용이나 약용(한방에서는 노랑어리연꽃이 해독작용이 있어 독사에 물렸을 때 짓찧어 붙이기도 한다)으로 쓰이고, 연못의 관상용이나 조경용으로도 쓰인다. 특히 번식력이 강해서 수면 녹화용으로 우수하다. 군식하여 자라는 노랑어리연꽃의 밝은 노란색 꽃은 화려하고 아름다운 수면경관을 연출하며, 가정에서는 항아리, 토분, 돌절구 등에 재배하기도 한다.

노랑어리연꽃은 우리 나라 대부분의 저수지나 늪지 또는 하천변에서 찾아볼 수 있지만, 특히 금호강 중류에 군락을 이루고 있다. 포항시 죽장면에서 발원한 금호강은 영천과 하양을 굽어돌아 대구시 동구 금강동 일대에서 잠시 멈추어 쉬어가는데 이곳이 안심(또는 금강동)습지이다. 이곳의 하천 폭은 200m 정도로 넓지만, 수심은 여울지역이 약 20~60cm, 정체지역이 약 1m 정도 되는 곳이 많아서 습지생태계가 잘 발달되어 있다.

약 7만 m²에 이르는 안심습지는 '생태박물관'이라고 불릴 정도로 여러 동식물들의 서식지 환경을 이루면서 생명의 신비를 간직하고 있다. 이곳에는 노랑어리연꽃 군락과 부들 군락 등 식물 192종, 각종 나비·잠자리·물등구리·개구리 등 곤충 99종, 양서·파충류 9종 등이 서식하고 있다. 또한 각종 철새 등 조류 56종과 줄납자루·피라미·긴몰개 등 어류 26종도 살고 있으며, 특히 국내 미기록종인 안심염라거미 등 다양한 거미류가 발견되어 학계의 관심을 받기도 했다.

안심습지는 1980년 이후 상수원보호구역으로 지정되어 있으며, 습지를 가득 메운 침수식물, 부유식물, 부엽식물 등 수초들이 질산 등 오염물질을 걸러내고 조류(藻類)의 발생을 억제하여 오염된 물을 전화시키는 '자연의 정화조' 역할을 톡톡히 하고 있다. 뿐만 아니라 위에서 언급한 바와 같이 다양한 동식물 종을 관찰할 수 있고 또한 하천의 자정작용을 확인할 수 있는 생태보고라는 점에서, 최근 환경단체들의 생태교육의 장으로도 각광을 받고 있다.

그러나 이곳 안심습지도 도시개발의 여파로 점차 파괴되고 오염되고 있다. 금호강의 상류지역에 건설된 영천댐으로 인해 유지수가 크게 줄어들었고 주변에 축산농가가 생기고 농경지가 확대되면서 다양한 오염물질들이 유입되었다. 이로 인해 습지가 많이 훼손되고 오염물질의 부하량도 커져서 자정작용이 점차 어려워지고 있다. 또

한 이러한 수질오염과 관리부실로 인해 어종이 바뀔 정도이고 배스
와 같은 외래어종도 나타나고 있다.

최근 임하댐으로부터 도수로를 통해 영천댐으로 물을 유입하는
공사가 완공됨에 따라 금호강의 유지수량이 크게 증가하였고, 그동
안 곳곳에서 바닥을 드러내어 자정작용을 할 수 없었던 하천이 어
느 정도 예전 모습을 되찾았다. 그러나 금호강의 수량이 늘어나고
수질이 개선되면서 자연생태계가 복원되는 것을 계기로, 금호강 개
발을 추진해야 한다는 주장이 제기되고 있다. 아무리 생태개발을
명분으로 한다고 할지라도, 하천이나 습지의 성급한 개발은 오히려
하천생태계를 완전히 망치게 될 수도 있다.

대구의 연근 재배와 자생 연꽃

경북 하양에서 대구의 율하동·금강동에 이르는 금호강 중류의
습지주변 지역에는 수십만 평에 달하는 식용 연밭이 있어 해마다
꽃이 필 무렵에는 장관을 이루고, 시민들의 발길을 잡아끈다. 연은
수련과에 속하는 다년생 초본식물로, 물 속의 진흙에서 자라서 높
이 1~1.5m의 잎과 꽃을 물 위로 피운다. 뿌리는 옆으로 길게 뻗
고 원주형이며 마디가 많고, 가을철에 끝 부분이 특히 굵어져서 이
부분을 식용한다. 잎은 뿌리줄기에서 나와 물 위에 높이 솟고, 원형
에 가까우며 백록색이고 엽맥이 사방으로 퍼져 있다. 잎의 지름은
40cm 정도로 물에 잘 젖지 않으며, 엽병은 원주형이고 짧은 가시
같은 돌기가 있다. 7~8월에 피는 꽃은 연한 홍색 또는 백색이고
지름은 15~20cm 정도이며, 10월에 열매가 성숙한다. 연은 잎이
물 위로 솟아오르는 반면, 수련의 잎은 물 위에 뜬다는 점에서 쉽
게 구분된다.

금호강변 안심습지 앞쪽으로 넓게 펼쳐져 있는 식용 연밭: 이 지역은 일조조건과 땅심이 좋아 연근의 품질이 전국적으로 알려져 있다.

금호강 중류지역 인근에 연근이 재배되기 시작한 시기는 일제시대로, 이 지역의 범람원이나 하천주변 논을 소유한 일부 농가에서 습지에서 잘 자라는 연을 재배한 것이 현재 연근 재배단지의 시초라고 한다. 특히 이 지역은 일조조건이 좋고 땅심이 좋아 연근의 육질이 단단하고 색깔이 윤택하여 품질이 전국적으로 정평이 나 있다. 연근의 재배는 일정한 수온이 유지되고 습기가 많고 일조조건이 좋아야 되는 지리적 제약을 많이 받는다. 이 때문에 면적이 급격히 늘지 않는 것이 특징이지만, 약 20년 전 연근 작목반이 구성되면서 면적이 크게 증가하여 최근에는 110ha 정도로 전국 연근 재배면적의 60% 이상을 차지하고 있다. 연간 3,320톤 정도(39억 원 정도) 생산되며, 전체 출하량의 90% 정도는 서울 등지로 보내지

경산시 압량면에 있는 진못에 핀 가시연: 세계에서 1속 1종밖에 없는 수련과의 희귀 수생식물로, 자연조건이 맞으면 잎의 지름이 2m 정도까지 자라고, 잎의 표면에는 가시가 돋고 주름이 진다. 자료: 정남식 제공(http://home.daegu.go.kr/~yeon)

고 나머지 10% 정도만 대구에서 출하되고 있다.

연근은 다소 오염된 물에도 비료 없이 잘 자라지만, 생산을 확대시키기에는 여러 가지 문제가 따른다. 즉 신규재배시 종자대가 많이 들어 경제적으로 부담이 크고, 뿌리가 땅 속 깊이 사방으로 뻗어 자라기 때문에 수확을 위한 기계화가 곤란하고, 많은 노동력이 소요된다. 또한 계절에 따라 연근의 시세변동이 크므로 일시에 수확을 하지 않고 수시 수확하여 출하하고 있지만, 1차 생산분을 그대로 출하하면 부가가치가 적다. 최근에는 연중 수요를 만족시키기 위하여 대형 하우스를 이용하여 생산하기도 한다.

대구에는 이와 같이 식용 연근을 위하여 상업적으로 재배하는 연밭 외에도 많은 저수지에서 연꽃이 자생하고 있다. 특히 대구에 인접한 경산지방은 농토는 넓지만 하천이 없기 때문에 인공적으로 둑을 만들어 저수지를 만들고 이를 이용하여 농사를 해왔다. 이러한 저수지들에 연이 한두 포기 자라서 번식을 하여, 이제는 여름철이면 저수지 전체가 연꽃으로 뒤덮이는 곳이 여러 군데 있다. 경산 삼풍동 영남대학교 내에 있는 '삼천지'의 연꽃, 경산 압량면 경산 조폐창 앞 '갑못'의 연꽃, 경부고속도로 경산인터체인지 부근 '연지(蓮池)'의 연꽃 등이 대표적이다.

이러한 저수지에 자생하는 연꽃에는 여러 종류가 있다. 특히 멸종위기에 처한 희귀식물인 가시연꽃의 군락이 종종 발견되기도 한다. 가시연꽃은 세계에서 1속 1종밖에 없는 수련과의 수생식물로 자연습지에서 주로 서식하며, 자연조건만 맞으면 잎의 지름이 2m 정도로 자라서 국내에 서식하는 식물 가운데 가장 큰 잎을 가지게 된다. 또한 잎의 표면에는 주름이 지고 가시가 돋으며, 8~9월에 가시가 돋은 긴 화경이 자라서 끝에 지름 4cm 정도의 보라색 꽃이 화려하게 핀다. 그 외에도 이런 저수지들에는 어리연꽃, 가래풀, 부들속새 등과 물닭, 논병아리, 물총새 등 다양한 동식물들이 공존하고 있다.

연꽃 축제와 생태적 개발의 의의와 한계

연꽃은 아시아의 열대지방과 오스트레일리아가 원산으로 알려져 있지만, 고대 이집트의 벽화나 중국의 『시경』에도 나올 정도로 인류 역사와 함께하고 있는 식물이다. 연꽃은 뿌리와 잎, 그리고 꽃 등이 다른 식물들과는 특이한 모양을 가지고 있으며, 독특한 향기를 가지고 있다. 이러한 특성으로 연의 뿌리뿐만 아니라 연잎, 연밥은 식용으로 쓰이고, 또한 연(잎, 꽃)차로도 애용되고 있다. 또한 연꽃이 흐드러지게 핀 연밭은 사람들의 탄성을 절로 자아낼 정도로 아름답고 심미감을 준다. 진흙 속에서 피는 연꽃은 불교와 밀접한 관계를 가지면서 극락정토나 부귀다남 등을 의미하기도 하고, 문학 작품에도 자주 등장한다. 또한 연꽃은 오염된 수질에서도 잘 견디는 강인성을 가지며, 관상용으로도 뛰어나다는 점에서 도시 조경용으로도 추천되고 있다.

일부 지자체에서는 연꽃이 가지는 이러한 점들을 이용하여 7~8월경 연꽃이 개화할 때 연꽃 축제를 개최하고 있다. 현재 대규모 연꽃 축제가 열리고 있는 지방으로 전주·울진·정읍·김제·무안 등을 들 수 있다. 이 가운데에서도 가장 큰 규모는 2001년 5회째를 맞았던 무안의 연꽃 축제이다. 축제가 거행되는 연못(회산 백련지)은 면적이 3만 평에 달하며, 연꽃이 피는 면적은 1만 3,000평 정도이고, 그 외 다양한 수생식물의 학습장도 마련되어 있어 전국에서 25만여 명의 관람객이 다녀갔다고 한다. 무안군의 축제 담당자는 "연꽃은 이젠 군을 대표하는 꽃"이 되었으며, "환경친화적이면서도 버릴 것 하나 없는 연꽃은 불자뿐만 아니라 모든 시민이 다 좋아한다"고 설명하고 있다.

이와 같이 여러 지자체에서 연꽃 축제가 성황리에 개최됨에 따라, 경북의 경산시나 김천시도 연꽃 축제에 관심을 가지게 되었다. 경산은 금호강의 습지와 더불어 주변 농경지에서 식용 연이 넓게 재배되고 있으며, 많은 저수지에서 다양한 종류의 연꽃이 자생하고 있기 때문에 이들을 연계한 생태관광 코스로 개발할 수도 있을 것이다. 특히 안심습지와 주변 저수지에는 연꽃을 포함하여 많은 수생식물들과 수서·육상곤충들이 살고 있으며, 청둥오리·해오라기·백로·왜가리·쇠물닭·논병아리 등의 철새가 많이 날아오고 드물지만 고니·흑두루미도 관찰할 수 있어 생태학습장으로서 매우 훌륭

한 조건을 갖추고 있
다.

　연꽃 축제의 개최
나 생태학습장의 조성
등을 위한 환경의 생
태적 개발은 관람객들
에게 자연의 아름다움
을 느끼고 그 신비로
움을 관찰하면서 자연
과 친해질 수 있는 여
건을 만들어준다는 점
에서 의의를 가진다.
또한 이러한 생태적
개발은 그대로 방치할
경우 낚시꾼이나 일부
시민들에 의해 훼손되
거나 주변 농경지 개

오염물질로 뒤덮인 저수지: 생태적 개발은 오염된 습지나 저수지를 보존할 수 있도록 하지만, 관광용 축제보다는 생태계 복원을 우선 목적으로 해야 한다.

간으로 인해 잠식 또는 오염될 수 있는 하천의 습지나 저수지를 보존할 수 있도록 한다는 장점을 가진다.

　그러나 이러한 생태적 개발이라고 할지라도, 지나친 개발은 오히려 역효과를 가져올 수 있다. 특히 각 지자체들이 생태적 개발을 명분으로 자신의 시·군 홍보와 관람수입에 더 많은 관심을 가진다면, 그동안 개발에서 제외되어 있었던 생태적 보고와 희귀식물들까지도 개발과 사람들의 왕래로 황폐화될 우려가 있다. 따라서 연꽃 축제와 같은 생태적 개발과 행사개최는 습지나 저수지의 생태적 목적과 그곳에서 살아가는 많은 동식물들에게 영향을 미치지 않는 범

위 내에서 이루어져야 할 것이며, 장기적으로 생태계를 복원하여
야생동식물의 서식환경과 자연경관을 더욱 풍요롭게 하는 방향으
로 나아가야 할 것이다.

(추가)

참고문헌

김동필. 2000, "자연하천 금호강으로의 복원 전략과 과제", ≪대구예술≫,
　　8월호.
김종근. 1998, 「도시 하천변의 식물생태계 특성에 관한 연구 ― 대구광역
　　시의 주요 하천변을 대상으로」(영남대학교 조경학과 석사학위논문).
대구시 환경녹지국. 2002, 대구생태공원조성(홍보자료).
류승원. 2000, "금호강의 수변식물과 물고기들", ≪대구예술≫, 8월호.
오병훈. 겨레의 마음 밭에 피는 복스러운 꽃, http://moolpool.hihome.com/
　　main.htm.
이인식. 1997, 「습지 파괴 현황과 습지보전운동의 과제」, ≪환경과 생명≫,
　　제13호.
정남식. 연에 관한 홈페이지, http://home.daegu.go.kr/~yeon/.

팔월

호주 시드니의 물관리정책과 시사점

2001년 7월 초순에는 일주일 정도 영국에 다녀왔고, 3∼4일간 쉰 후 곧 이어서 호주와 뉴질랜드를 2주 정도 다녀올 기회가 있었다. 영국에 다녀온 것은 현장답사라기보다는 그곳의 오픈유니버시티(Open University)에서 열린 세계 저명 비판지리학자들의 초청강연과 국제비판지리학회 운영위원회에 참석하기 위한 것이었다.

그리고 호주 여행은 특히 시드니의 상수원 공급시설 및 물관리 문제와 관련된 기관 및 시설들을 답사하기 위한 것이었다. 이 답사는 호주의 퍼스(Perth)에 있는 웨스턴 오스트레일리아(Westerern Australia) 대학교 교수들과 함께 동아시아와 태평양지역의 거대도시들(예로, 서울과 시드니를 포함하여 중국의 베이징과 상하이, 일본의 도쿄와 오사카, 그리고 홍콩 및 대만의 타이베이, 필리핀의 마닐라, 태국의 방콕, 인도의 봄베이 등)의 물문제에 관한 공동연구의 일환으로 이루어졌다.

이번 호주 시드니 부근 물관리 시설들에 대한 답사는 이러한 공동연구의 첫번째 과제를 수행하기 위한 것이었다. 특히 이번 연구는 학술진흥재단으로부터 국제협력연구과제로 지원을 받아 시드니의 물관리 현황과 정책을 서울의 물관리 문제와 비교하기 위한 것이었다. 극심한 환경문제로 시달리는 서울과는 달리, 호주의 시드니는 매우 깨끗하고 환경관리가 잘 되어 있을 것 같지만, 실제 상당한 환경문제를 안고 있었다. 2000년 올림픽 개최를 앞두고 시드니도 1998년 여름 상수도 오염으로 인하여 우리 나라의 페놀 오염에 비교될 정도로 심각한 환경위기를 겪었다.

물공급 현황과 문제점

시드니는 인구가 약 400만 명에 달하는 대도시로, 호주 인구의 약 1/4이 살고 있는 가장 큰 도시이다. 이러한 도시에 물공급을 하기 위한 시설과 정책들은 나름대로 어떤 특징을 가진다고 할 수 있을 것이다. 수집된 자료들을 좀더 정밀하게 분석해보아야 하겠지만, 대체로 다음과 같은 특징들을 예비적으로 확인할 수 있었다.

현재 시드니 인구가 필요로 하는 수자원의 약 80%는 '와라감바'라는 댐의 호수에 의존하고 있다. 그 이전에는 1910~1920년대 건설된 중소형 규모의 댐들에 의존했는데, 1960년대부터는 와라감바댐의 건설로 만들어진 호수와 이 호수에 연결된 수송관에 의존하여 시드니 인구가 필요로 하는 물을 공급하고 있다.

이 댐은 상대적으로 큰 댐은 아니었지만, 지형 및 환경적 조건으로 담수량은 시드니 하버의 약 4배에 달할 정도로 굉장히 많았다. 여기서 지형적·환경적 조건이란 댐이 건설된 하천의 계곡이 매우 깊었다는 점, 그리고 그 배후 산지에 숲이 아열대 원시림처럼 매우 울창하게 우거져 있다는 점 등을 들 수 있다. 이에 따라 댐 자체의 규모는 상대적으로 작았지만 담수량은 엄청났고, 또 사계절 동안

시드니 교외에 위치한 와라감바댐(Warragamba Dam): 시드니에 물을 공급하기 위해 1960년 건설된 이 댐은 호주에서 가장 크다.

부라고랑(Burragorang) 계곡에 조성된 와라감바 호: 이 인공호는 시드니 하버(Sydney Harbour)의 4배에 달하는 물을 저장하고 있다.

일정 수준의 담수량을 유지할 수 있다고 한다. 이러한 점에서 보면 시드니 시민들에게 공급되는 물은 세계적으로도 매우 풍족하고, 또한 깨끗하다고 할 수 있다.

그러나 시드니 시민들에게 공급되는 물도 점차 오염되어가고 있다. 특히 지난 1998년에는 수돗물에서 여러 가지 종류의 박테리아가 검출되는 바람에 2000년 시드니 올림픽을 앞두고 시드니 시정부와 시드니 시가 포함되어 있는 뉴사우스웨일즈 주정부가 굉장히 긴장을 했고, 이에 대한 대책을 수립하기 위하여 매우 고심했다고 한다. 1998년의 수돗물 파동은 당시 전체 시민들에게 생수를 사먹는 돈을 나누어줄 지경으로 심각하여, 우리 나라의 페놀 오염사태와 비교될 수 있을 정도였다.

1998년 수돗물 파동과 원인

호주의 '워터게이트(watergate)'라고 칭해질 정도로 심각했던 시드니의 수돗물 오염사건은 시드니 수자원공사가 관리하는 물공급체계(즉 상수원수와 수돗물 모두)에서 1998년 7월 21일 설사성 질환과 수인성 전염병을 유발하는 병원성 원생동물인 '크립토스포리디움(Cryptosporidium)'과 '지아르디아(Giardia)'가 검출되면서 시작되었다. 처음에는 상당히 불확실했고 그 수치도 상대적으로 낮아 보건기준에 미달되었지만 여러 곳에서 검사가 계속되면서, 7월 26일에는 이 원생동물들의 수치가 극히 높은 수준을 기록했다. 이에 따라 1998년 7월 27일 처음으로 예비적 물끓이기 경보(boiling water alert)가 시드니 시의 동부 중심업무지구에 발동되었다. 그러나 이 경보는 사태를 국지적으로 처리했을 뿐만 아니라, 우리 나라의 수자원공사에 해당되는 시드니워터(Sydney Water Board)와 주 보건청

댐 상류에서 유입되는 하천.
왼쪽: 댐으로 유입되는 하천의 상류는 대부분 울창한 산림으로 뒤덮여 있다.
오른쪽: 그러나 댐에 유입되는 하천의 일부는 주변 주거지에서 배출되는 오수로 인
해 점차 오염되어가고 있다.

간의 갈등으로 인해 상당히 지연된 것이었다.

   그러나 7월 29일 물공급체계의 중간 부분에 위치한 프로스펙스
정수장에서 채취한 물 표본에서 높은 기록이 나옴에 따라 새로운
물끓이기 경보가 시드니 하버 남부지역에 공표되었고, 7월 30일에
는 시드니 전역에 발동되었다. 결국 명목상 시드니에서는 마시기
위해서는 물론, 심지어 양치질을 위해서도 물을 끓이도록 조치가
내려졌다. 이와 같이 제1차 물위기사태가 전개되자 정부는 원인규
명과 대응방안에 대한 조언을 위하여 전문가 집단을 구성했으며,
물위기에 대한 관리는 시드니워터에서 주 행정부로 이관되어 직접
통제하에 들어가게 되었다. 제1차 물위기사태는 1998년 8월 4일
오염경보의 해제와 더불어 물이 안전하다는 결과가 발표됨에 따라

일단락된 것처럼 보였다.

그러나 1998년 8월 13일 그동안 대부분의 유기체들이 소멸했을 것으로 추정했던 물공급체계에 다시 '크립토스포리디움'과 '지아르디아'가 높은 수치로 검출되었고, 그 다음 날에도 다소 낮지만 보다 확실한 기록이 나타남에 따라 제2차 사태가 시작되었다. 8월 24일 이 원생동물들에 의한 추가적 오염이 재차 확인되면서, 8월 26일 도시 전역에, 그리고 28일에는 교외지역까지 다시 물끓이기 경보가 발동되었다. 8월 31일 프로스펙스 정수장에서는 더 이상 검출되지 않았지만, 교외지역의 경우는 계속 검사가 이루어졌다. 그리고 9월 1일부터 4일까지 점차 넓은 지역에 경보해제가 발표되었다. 그러나 1998년 9월 5일 추가오염이 기록되면서 제3차 물끓이기 경보가 발동되었고, 이 경보는 9월 19일까지 계속되었다.

호주에서 발생했던 이 상수원 오염사고는 사건의 전개 과정을 축소하고 부처간 마찰과 시민들과의 심각한 갈등이 유발되었다는 점에서, 우리 나라에서 1991년 발생한 낙동강 상수원의 페놀 오염사고와 비교될 수 있다. 물론 시드니 시는 이러한 물위기사건을 거치면서, 호주 정부의 대응책에 관하여 자문을 했던 조사단의 건의들 가운데 대부분(대표적으로 물위기관리를 위한 종합관리계획, 공공보건 경보를 위한 주 보건청의 권한강화, 식수오염원에 대한 공공교육 프로그램과 캠페인의 확대 등)을 수용했다. 또한 시드니 수자원공사의 권한을 축소하여 물공급만 담당하도록 했으며, 유역관리는 분리하여 새로 설립한 시드니 유역관리소(Sydney Catchment Authority)가 담당하도록 했다는 점에서 시사점을 가진다.

그러나 1998년 시드니 상수원 오염사건은 대구지방에서 1994년 발생했던 제2차 낙동강오염사건처럼, 직접적인 원인이 무엇인가에 대해 전혀 밝혀지지 않았다는 점에서 유사성을 가진다. 이러한 사건 이후, 시드니 수돗물 오염사건과 관련하여 몇 가지 주요한 사실이 보다 포괄적인 원인으로 지목되었다. 호주, 특히 시드니의 물문제를 심화시키고, 부근의 하천을 오염시키는 중요한 원인으로 다음과 같은 사실들이 지적될 수 있다.

첫째, 지적할 점은 급속한 도시화 과정이다. 다른 세계적 도시들과 마찬가지로, 시드니 역시 지난 몇 십년 동안 급속한 도시성장을 이룩했다. 특히 교외지역으로 주거지가 확장됨에 따라, 오폐수의 배출량과 면적이 확대되었다. 그러나 교외 및 농촌지역에서 저밀도 주거지 개발은 하수도 시설과 폐수정화시설을 갖추기 어렵게 함으로써, 교외지역의 하천 및 토양의 오염을 점차 심화시켰다.

둘째, 도시주변 지역에서 축산업의 급속한 발달을 들 수 있다. 호주나 뉴질랜드는 농업, 특히 축산업에 크게 의존하고 있는 국가로서, 양이나 소떼의 방목을 통해 양모나 고기의 생산과 수출이 국가 경제에 큰 몫을 차지하고 있다. 특히 최근 영국과 유럽의 일부 국가들에서 광우병과 구제역이 발생하여 축산업이 크게 위축된 반면, 호주와 뉴질랜드는 유럽으로 육류 수출량이 크게 증가하여 호황을 누리게 되었다. 물론 이 국가들에서 축산업은 우리 나라와는 달리 대대적인 방목으로 이루어지고 있다. 양 한 마리당 500평, 소 한 마리당 1,200평, 그리고 사슴 한 마리당 2,000평이 최소기준이라고 한다. 그러나 이러한 축산업의 발달은 점차 하천을 오염시키는 주요 원인이 되고 있다.

셋째, 그 외에도 여가·관광 활동의 증대나, 공업(상대적으로 적은 비중을 차지하지만)에 소요되는 화학물질 및 연료유출 등도 하천에 점차 영향을 미치고 있다. 댐 부근 상수도보호구역에도 여가를 즐길 수 있는 장소와 시설들이 마련될 정도로 환경관리가 철저히 이루어지고 시민들의 환경의식도 높다고 하지만, 이러한 여가활동 및 이와 관련된 시설들의 조성은 점차 환경에 영향을 미쳤을 것으로 추정된다. 그 외에도 자연의 산림훼손·토양침식·산불 등도 때로 하천을 오염시키고 있다.

한국과의 비교와 시사점

우리 나라, 특히 서울이나 대구와 시드니의 경우를 비교하면, 도시의 물관리 면에서 유사점과 더불어 몇 가지 차이점을 발견할 수 있다.

우선 가시적으로 보았을 때 유사한 점으로, 호주 시드니의 경우도 우리 나라처럼 수자원 공급을 인공댐에 의해 조성된 대형 호수에 의존하고 있었다. 1960년대 이전까지는 대체로 중소형 댐들로부터 물공급을 받았는데, 와라감바댐이 건설된 이후 이 댐의 호수에 크게 의존하였다. 그리고 관리정책상 유사한 점에서, 현재 호주의 경우도 우리 나라처럼 시드니워터와 시드니 유역관리소가 분리되어 있다. 그리고 이 기관들의 일부는 1994년부터 민영화되어 민간자본의 참여를 확대시키고 있다. 그러나 하천이 점차 오염되고 상수원이 심각하게 악화됨에 따라, 정부정책에 대한 시민들의 비판이 점차 커지고 있다.

그러나 차이점으로는 앞에서 지적한 바와 같이 호주의 경우는 자연적 조건들이 대형 인공호수에 의존하더라도 큰 문제가 없으며, 앞으로도 댐을 개조하여 그 높이를 조금만 더 높이더라도 얼마든지 담수량을 확대할 수 있을 것이라고 추정된다. 또한 우리 나라와는 달리 호주는 도시를 벗어난 외곽지역의 인구밀도가 매우 낮기 때문에 하천의 상류지역에는 거의 사람이 살지 않고 있다. 따라서 수자원의 이용이 높고 상·하류 간에 분쟁이 발생하지 않았다.

시드니 물공급체계 내에 위치한 댐들.
위 왼쪽: 네피안댐(Nepean Dam). 네피안 상류에서 가장 최근(1935년) 완성된 댐
으로 고속도로를 벗어나 남쪽으로 1km 정도 떨어져 있다.
위 오른쪽: 캐타랙트댐(Cataract Dam). 1907년 완성된 댐으로 시드니 물공급체계
에서 가장 오래된(1907년) 댐이며, 시드니 부근에 있다.
아래 왼쪽: 콘도르댐(Cordeaux Dam). 시드니 물공급체계의 일부로 네피안 상류에
두번째로(1926년) 완성된 댐으로, 한 시간 거리에 있다.
아래 오른쪽: 아본댐(Avon Dam). 시드니 물공급체계의 일부로 1927년 완성된 댐
으로, 네피안 상류에 건설된 4개의 댐 가운데 가장 크다.

　우리 나라의 물관리를 위하여 시드니의 물관리정책 및 시설 현
황들이 주는 몇 가지 시사점이 있다고 할지라도, 시드니도 점차 심
각한 물관리 문제에 봉착하게 되었으므로 대안적인 모형으로 설정
할 수는 없다고 하겠다. 그러나 시드니의 경우, 하천과 수돗물이 점
차 오염되고 이에 대해 시민들의 반응이 민감해짐에 따라, 수자원
및 그 유역의 관리를 담당하고 있는 기관들은 문제가 있다는 사실
을 좀더 솔직하게 인정하고 있다. 즉 "유역의 수질 또는 생태적 건
전성을 개선하기 위하여 지역사회단체들을 도울 수 있도록 계획한

보수공사중인 와라감바댐: 국제 안전기준에 부합되지 않는다는 이유로 보수공사를 하고 있다.

지역사회 후원 프로그램의 지원과 개발"에 힘쓰면서, 이를 통해 장기적인 대책을 세우고 문제를 해결해나가고 있다는 점을 본받을 만했다.

예로, 시드니 외곽지역에 위치해 있는 와라감바댐을 답사했을 때, 이 댐이 국제적 안전기준에 부합되지 않는다는 이유로 보수공사를 하고 있었다. 그런데 이 댐 보수의 이유와 보수 과정을 방문자들에게 아주 상세하게 설명하는 정보 센터와 관람안내시설들이 설치되어 있었다. 이러한 점에서 수자원 관리정책이 매우 투명하게 진행되고 있다는 점을 알 수 있었다.

요약해보면, 시드니의 수자원 관리정책과 제도 자체는 크게 인상적이었다고 하기는 어렵지만, 우리 나라와는 비교되지 않을 정도로 자연지리적으로 큰 혜택을 받고 있다고 할 수 있으며, 정책을 입안하고 집행하는 과정과 절차가 매우 투명하고 시민들을 배려하고 있다는 점을 강조할 수 있다.

(2001. 8. 6.)

참고문헌

오병태. 1996, 「한국과 호주의 지방자치단체의 대도시지역에 있어 녹지공급에 관한 비교연구 — 서울과 시드니를 중심으로」, ≪한국조경학회지≫, 24(3).

임현진·홍성태. 1998, 「호주, 말레이시아, 싱가폴의 환경문제와 발전전략」, ≪한국사회과학≫, 20(2).

최병두 외. 2001, 「아시아-태평양 지역의 물 갈등과 지속가능한 정책: 서울과 시드니의 비교」, ≪한국지역지리학회지≫, 7(4).

최병두. 2001, 「물오염에 의한 환경위기의 관리 과정에 관한 비교 연구: 대구와 시드니」, ≪한국지역지리학회지≫, 7(4).

기록적인 열대야와 도시 열섬현상

여름은 여름답게 더워야 하겠지만, 여름밤의 지나친 고온현상, 즉 열대야는 사람들을 짜증스럽고 지치게 만든다. 지난(2001년) 7월 21일부터 8월 10일 오전까지 대구지역의 열대야현상이 무려 21일 동안이나 지속되었다. 이것은 1967년의 15일 기록을 뛰어넘어 1907년 이 지역에서 기상관측이 시작된 이후 최장기 기록이라고 한다. 아직 한창 여름이고, 농부의 입장에서 보면 벼가 익기 위해서는 좀더 더운 날씨가 계속되어야 하겠지만, 날씨가 너무 덥기 때문에 많은 사람들에게 고통을 주고 있다. 물론 열대야 때문에 에어컨이나 음료수 판매업소는 호황을 누렸겠지만, 시민들은 밤잠을 설치면서 무척이나 힘든 밤을 보내야 했다.

한 실험에 의하면, 수면에 가장 적당한 온도는 18~20℃라고 한다. 반면 외부온도가 28℃ 이상 올라가서 장기간 지속되면 체내의 온도조절 중추가 흥분되어 각성상태가 되고, 이로 인해 숙면을 취하기 어렵다고 한다. 열대야로 인해 수면부족이 초래되면 일상생활의 리듬이 깨지고, 입맛도 떨어지면서 질병에 대한 저항력이 감소

된다. 열대야가 계속되는 계절에는 누구에게나 불면증이 쉽게 나타
날 수 있으며, 한번 불면증에 빠지면 열대야가 사라지더라도 불면
증이 이어지는 경우가 많다.

　열대야로 인한 불면을 극복하기 위한 방법으로, 잠자기 2시간쯤
전에 미지근한 물로 샤워를 하고, 에어컨이나 선풍기는 잠들 무렵
에만 사용하며, 잠자기 직전 TV 시청을 삼간다. 도저히 잠이 오지
않으면 억지로 자려 하지 말고 책을 읽거나 산책을 한 후 잠자리에
든다. 만약 배가 고파 잠을 이루기 어려울 때는 따뜻한 우유 한 잔
정도로 가볍게 배를 채워주면 도움이 된다고 한다. 또한 새벽이나
해진 뒤 20~30분간 자전거타기, 산책 등 가벼운 운동을 하고, 카
페인 음료, 술과 담배 등은 피하고, 밤잠을 설쳤다고 낮잠을 자는
것은 오히려 불면증의 악순환을 초래한다.

열대야는 왜 발생하는가?

　열대야는 낮의 기온이 30℃ 이상인 상황에서 밤과의 온도 차이
가 5℃ 이내인 경우를 말한다. 여름철에는 대체로 밤기온이 25℃
이상이면 열대야로 정의한다. 이러한 열대야가 발생하는 직접적인
원인은 낮에 뜨겁게 달구어진 지면이 밤중에 열을 대기로 다시 방
출하는데, 이때 많은 수증기가 이 열을 흡수해 열이 높은 곳으로
퍼지지 못하기 때문에 발생한다.

　이러한 점에서 열대야는 단순히 고온현상이라기보다 습도와 관
련되어 발생한다. 특히 집중호우나 장마로 대기 중의 습도가 높은
날에는 지면이 내뿜는 열기가 하늘 높이 발산되지 못하고 대기 중
의 수증기들에 흡수되어버리기 때문에, 결국 대기의 온도는 계속
높은 상태로 유지된다. 이러한 사실은 우리보다 낮 기온이 훨씬 높

은 열대지방(낮 기온이 40℃ 이상 되는 지역)에서 습도가 낮기 때문에 밤 기온이 영하까지 뚝 떨어지는 것을 보더라도 알 수 있다.

이러한 열대야현상은 전국적으로 나타나지만, 특히 대구시와 같은 대도시지역에서 심하게 발생한다. 대도시에서 열대야가 계속 이어지는 것은 여러 이유들이 복합적으로 작용하기 때문이다. 대구지역의 경우 우선 지적될 수 있는 점으로, 지형적 조건상 분지를 형성하고, 이로 인해 대류의 순환이 제대로 되지 않기 때문에 예전부터 우리 나라에서 가장 더운 지역으로 알려져 있다.

그러나 최근 열대야현상이 기록적으로 나타나는 데는 다른 이유들이 있다. 기상학적으로 보면 이번 열대야의 직접적인 원인은 지난 7월 중부지방에 장마전선이 형성된 이후 계속 머물면서, 남부지역에 고온다습한 북태평양 고기압 세력이 영향을 미쳤기 때문이라고 한다. 그리고 미시기후적 측면에서 보면, 대구를 포함하여 대도시지역에 이러한 열대야현상이 극심하게 나타나는 것은 도시지역이 주변의 농촌이나 녹지에 비해 기온이 4~5℃ 정도 높은 열섬현상 때문이라고 할 수 있다.

도시의 열섬현상

도시의 열섬현상은 특정한 계절을 가리지 않고 연중 나타나지만, 도시의 대부분을 덮고 있는 콘크리트와 아스팔트가 뜨거워지고 에어컨 같은 냉방기구를 많이 쓰는 여름철에 심하게 나타난다. 이러한 도시의 열섬현상은 지형적 조건이나 풍속, 구름의 양 등과 같은 자연지리적 조건뿐만 아니라 도시의 크기나 인공환경적 조건, 그리고 도시의 생산 및 생활방식과 밀접한 관계를 가진다. 예로, 건축물의 밀도가 10% 높아지면 도심의 온도는 0.16℃씩 높아지는 것으

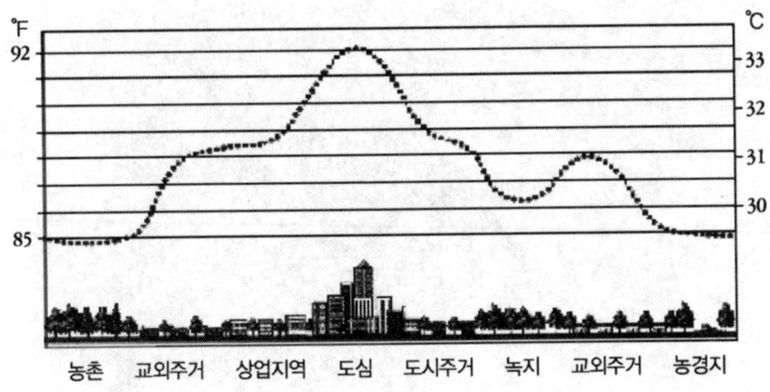

<그림 1> 도시 열섬현상

로 추정된다.

대구시의 경우, 최근 인공위성(랜드샛) 자료에서 추정한 결과에 의하면 1997년 5월 17일의 경우 도시외곽의 농경지와 산림지역의 온도는 14.4~21.4℃였던 반면, 북구의 공업단지와 중심 상업지역으로 이루어진 도심지역은 28.5℃로 나타났다고 한다. 대구시를 포함하여 대도시의 내부가 주변지역에 비해 온도가 높은 것은 무엇보다도 도시 자체가 인공적인 열을 만들어내기 때문이다. 즉 공장의 생산 과정에서 막대한 연료를 연소하거나 가정에서 에어컨과 같은 냉방기구를 가동하는 과정에서 열기를 발생하면, 대기의 기온이 올라간다.

이와 같이 도시 자체가 열기를 뿜어내는 이유와 더불어, 도시의 환경적 조건이 문제가 되고 있다. 즉 대도시의 열섬현상이 나타나는 것은 ① 도시의 녹지가 감소하고 하천이 복개되면서 숲이나 땅으로부터 수증기가 증발할 수 있는 면적이 적어지고, 이에 따라 증발열의 손실이 상대적으로 적어지기 때문, ② 지표면이 구조물들로 덮이면서 태양 에너지를 받는 면적이 커질 뿐만 아니라 태양열을

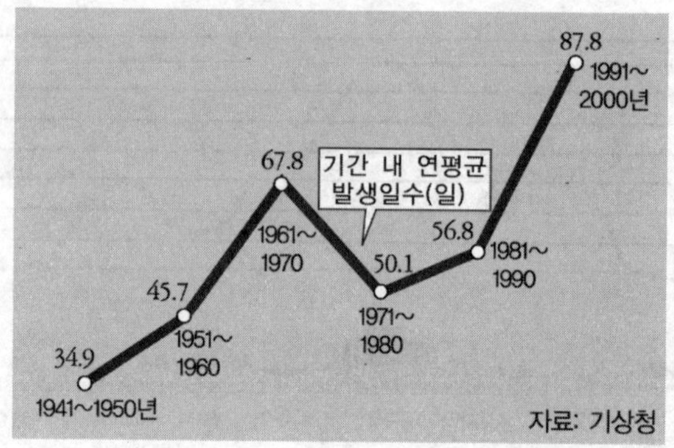

<그림 2> 전국 7개 주요 도시 열대야 발생일수 합계의 변화
추이: 1970년대 열대야의 발생일수가 다소 감소했지만 전반적
으로 증가하고 있으며, 특히 1990년대 들어 크게 증가했다.

그대로 복사하여 방출하기 때문, ③ 도시의 콘크리트 건물이나 도
로의 아스팔트가 낮 시간 동안 열기를 축적해두었다가 야간에 이
열기를 배출하기 때문, ④ 도시의 고층건물들이 무분별하게 증설되
고 이러한 고층건물들이 주변으로부터 불어 들어오는 신선한 공기
의 유입을 막고 있기 때문이다.

  좀더 거시적으로, 도시의 열섬현상은 지구온난화의 진행과도 밀
접한 관계를 가진다. 지난 몇 십 년간 열대야의 발생일수가 계속
증가한 것은 전반적인 지구온난화현상에 기인한다고 하겠다. 공장
의 이산화탄소 배출증가와 더불어 자동차 배출가스 등의 증가는 대
기의 상층부에 일종의 가스막을 형성하여 열기가 대기층 밖으로 분
산하는 것을 막는 온실효과를 만들어내고 있고, 이로 인해 지표면
전체의 온도가 올라가고 있다.

열대야에 대한 대책

열대야는 다른 환경문제들과 연관되어 있을 뿐만 아니라 그 자체로도 도시인들의 생활에 큰 영향을 미친다는 점에서, 여러 가지 대책들이 강구되고 있다. 우선 장기적이고 거시적인 대책으로, 지구온난화현상을 막기 위한 방안들이 마련되어야 할 것이다. 지구온난화현상은 이미 전지구적 현상으로 관련 국제협약 등을 통해서 실질적인 조치들이 제시되고 있다. 그러나 개별 도시적 차원에서는 이에 대한 관심이 떨어진다는 점에서, 지구온난화방지를 위한 노력이 있어야 할 것이다. 예로, 공장 및 자동차에서 배출되는 배기가스를 감소시키고 화석연료의 사용을 줄여나가야 할 것이며, 대체 에너지의 개발과 사용 보급도 중요하다.

물론 이러한 노력은 개인적인 차원에서도 필요하다. 무엇보다도 에어컨 등 냉방기기의 사용을 절제하고, 자연의 바람을 이용하는 지혜를 길러야 할 것이다. 그 외 전열기의 사용을 줄임으로써 열기의 배출을 줄일 뿐만 아니라 전기를 생산하기 위해 사용되는 석탄이나 석유와 같은 화석연료의 연소 과정에서 발생하는 이산환탄소를 줄일 수 있도록 해야 한다. 또한 엄청나게 증가한 자동차의 사용을 최소화하고, 단거리는 가능하면 자전거를 타거나 걸어가는 습관을 길러야 한다. 더운 여름철에 에어컨의 사용을 줄이고 자전거를 타는 것은 당장은 더 더운 일이겠지만, 몸의 건강을 유지하는 데도 도움이 된다.

도시의 열대야에 대한 대책은 무엇보다도 도시적 차원에서 녹지환경 및 수변환경의 조성 등 다양한 방안들을 포함해야 한다. 우선 도시 전반의 복사열을 줄이는 한편 증발열을 확대시키기 위하여 도시의 녹지를 확대해야 한다. 예로, 20년생 느티나무 한 그루가 한

여름에 24시간 방출하는 수증기량이 200리터에 달하고, 이 수분의 증발은 50kg의 석탄을 태워 방출한 열량을 흡수하는 효과가 있다고 한다. 즉, 도시의 나무들은 대기 중의 열을 줄여주는 증산작용과 대기오염물질을 제거하는 흡착작용을 한다. 대구시도 1996년 이래 푸른 대구가꾸기 사업을 전개하여, 국채보상기념공원 등 도심 여러 곳에서 녹지공간을 조성하여, 지난 5년간 약 300만 그루의 나무를 심었다고 한다. 대구시는 이러한 도시녹화사업의 결과 대구지역의 열대야현상을 어느 정도 완화시키는 데 기여했다고 주장한다.

　도시녹지의 중요성과 이것이 도시 열섬현상의 완화에 기여한다는 주장을 부정할 필요는 없지만, 과연 도시녹화사업이 실질적으로 어느 정도 진척되었는가에 대한 회의가 제기되기도 한다. 실제 대구시의 경우 한편으로 푸른 대구가꾸기 사업을 전개하면서 녹지를 조성하고 있지만, 다른 한편으로는 급속한 도시화로 월배·칠곡·무태·안심·고산 등 수십만 평의 임야와 농경지가 대규모 아파트 단지와 고층건물로 바뀌어 녹지공간이 축소되고 있다. 또한 지난 30년 가까이 지켜왔던 개발제한구역(즉 그린벨트)을 해제 또는 재조정함에 따라, 이 구역 내의 상당한 녹지가 이미 개발이 진행되어 다른 용도로 전환되고 있다.

　도시의 녹지 조성방법은 다양하다. 예로, 일본 도쿄 도(東京都)는 도심부 기온이 올라가는 '열섬현상'을 억제하기 위해 자연보호 조례를 개정하여, 새로 건설되는 빌딩에 대해 옥상녹화를 의무화하고 있다. 구체적으로 1,000m² 이상의 부지에 건물을 짓는 경우 구조상의 문제가 없는 한 이용가능한 옥상면적의 20% 이상을 녹지로 조성하도록 한 것이다. 도쿄 도는 이를 위해 옥상을 녹화하는 빌딩에 대해서는 용적률을 올려주는 혜택을 부여하고, 이를 지키지 않을 경우에는 반대로 벌칙을 부여하는 등 '도쿄 사막'을 '공중정원'

으로 바꿔나가는 계획을 추진하고 있다. 이러한 옥상정원의 녹화뿐만 아니라 벽면을 녹화하는 작업들도 함께 진행되고 있다.

둘째로, 도시의 열섬현상을 완화시키기 위하여 도시의 수증기 증발량을 늘림으로써 증발열에 의해 기온이 내려가도록 하는 방법을 시행해야 한다. 예로, 콘크리트나 아스팔트로 되어 있는 도로포장재를 개선하여 보수성이 있는 포장도로로 바꿀 경우, 지하로 침투한 빗물이 증발하여 지표면의 온도를 낮추는 한편, 폭우시 빗물의 지하침투를 가능하게 하여 도시형 홍수를 예방할 수 있다. 또한 대구시의 경우 금호강 주변 숲과 구릉지가 있는 곳에는 녹지를 조성하고, 하천 주변에는 수변공간을 살려서 하천생태공원지역으로 조성할 경우, 하천생태계의 보전뿐만 아니라 하천수의 증발량 확대를 통해 기온을 낮출 수 있다. 또한 복개된 하천들을 자연형 하천으로 바꾸고 유지수를 확보하도록 함으로써 하천 증발효과의 확대를 통해 기온의 일시적 상승을 막을 수 있다.

셋째, 건축물의 고도를 제한하고, 고층건축물이 과학적이고 생태적인 계획에 따라 입지할 수 있도록 도시의 공간조직를 재구성해나가야 한다. 녹지 및 수변공간의 확보와 더불어 건축물의 고도제한과 생태적 입지계획은 도시에 바람의 길을 조성함으로써 대기의 흐름을 원활하게 하는 데 기여한다. 특히 대구시의 경우, 지형적 조건과 기상상태를 고려하여 대기오염물질의 분산을 유도할 수 있는 방안이 강구되어야 한다. 바람의 길은 도시주변의 산계곡에서 부는 바람이 도심에까지 유입되도록 하여 신선한 공기를 공급하는 한편 오염물질을 제거하도록 한다는 점에서 주요한 방안이라고 할 수 있다.

(2001. 8. 14.)

참고문헌

김수봉 외. 2001, 「도시열섬현상의 원인과 대책」, ≪환경과학논집≫, 계명대학교 낙동강환경원, 6(1).

박경훈·정성관. 1999, 「광역적 녹지계획 수립을 위한 도시열섬효과 분석」, ≪한국지리정보학회지≫, 2(3).

윤용한. 2001, 「녹지에 의한 열섬현상의 저감효과에 관한 연구 — 풍속과의 관련성에 관해서」, ≪대한국토도시계획학회지≫, 국토계획, 36(2).

이경재. 2002, 「도시열섬현상: 열섬완화를 위한 도시녹화 방안」, ≪도시문제≫, 37.

이정웅. 2002, 「도시열섬현상; 숲을 통한 기온저감 사례 — 대구광역시 사례」, ≪도시문제≫, 37.

바람길을 고려한 생태도시계획

한낮 불볕 더위에 이어 밤 기온마저 30℃를 오르내리는 '열대야' 현상이 이어지면서 시민들이 한밤 무더위 탈출에 나서고 있다. 한낮의 뜨거운 열기로 인해 기온과 더불어 습도가 덩달아 상승하면서, 불쾌지수가 80을 넘어설 정도로 높아지고 사람들을 참기 힘들 정도로 짜증나게 만들고 있다. 특히 도심에서는 자연의 바람이 거의 불지 않기 때문에, 부채나 선풍기 바람을 쐬지만 별로 효과가 없고, 에어컨을 계속 켜놓기에는 전기료도 문제거니와 냉방병을 앓을 위험도 있다.

이러한 무더위로 찜질방 같은 집안에서 밤잠을 설친 사람들은 집 밖으로 나오게 된다. 가족 단위나 친구, 연인끼리 도시 하천의 둔치나 인근 공원, 잔디밭 공터 등에 나와 자연 바람을 쐬며 더위를 식힌다. 심지어 도시주변의 야산에는 한밤중인데도 사람들이 몰려들어 북새통을 이루는 모습을 종종 보인다. 집 밖 야외로 나온 사람들은 아예 돗자리를 깔고 새벽까지 잠을 청하거나 시원한 수박이나 음료 등을 나눠먹고 대화를 나누면서 자연의 바람으로 한밤의

더위를 식히려 한다.

이와 같이 무더운 날, 하천 둔치나 잔디밭, 공원녹지 또는 주변 야산으로 나가는 것은 이곳에 바람이 많이 불기 때문이지만, 실제 이곳에는 미시적으로 기온이 낮게 나타난다. 도시를 가로지르는 하천은 도시주변에서 도심으로 바람이 들어오는 길목이며, 하천의 증발열로 기온이 내려간다. 또한 고층건물들 사이에 조성된 작은 잔디밭이나 공원녹지는 콘크리트 건축물보다 지열을 적게 뿜을 뿐만 아니라 건축물 사이로 바람이 일게 된다. 도시주변의 야산이나 농촌 들판은 바람이 많이 불고 도심보다도 기온이 4~5℃ 정도 낮다. 도시기후의 이러한 미시적 특성들을 잘 활용하면, 도시의 여름을 한결 쉽게 지낼 수 있을 것이다.

도시의 미시기후와 바람

도시의 중심부는 높은 건축물과 주변 공장들로 이어져 있고, 도로와 나대지라고 할지라도 대부분 포장되어 있으며, 대형 건축물이나 차량에서는 엄청난 열기를 뿜어낸다. 이 때문에 도시의 기후는 미시적으로 매우 특이한 현상을 보인다. 도시화가 진척됨에 따라, 도시의 크기·인구수·산업활동 등에 비례하여 도시의 기후는 주변 지역과는 다른 특색을 나타내는데, 이를 도시기후라고 한다. 일반적으로 도시기후는 주변 지역보다 높고, 습도는 낮으며, 풍속이 약한 특징을 보인다. 또한 일사량이 적고, 자외선도 부족하며, 공기중에는 먼지·매연·아황산가스 등의 오염물질들이 많아 스모그 현상이 자주 나타난다.

도시의 기후는 주변 자연지리적 조건에 따라 상이하다. 예로, 해발고도가 높거나 사면에 위치한 도시는 상대적으로 기온이 낮으며,

분지나 해양에 접해 있는 도시들은 독특한 현상들을 나타낸다. 도시 내부에서의 미기후는 지표면의 상태에 따라 국지적 차이가 심하고, 수평적 및 수직적 분포에 특색을 보인다. 예로, 녹지로 피복된 지역과 콘크리트나 아스팔트로 포장된 지역의 기후는 미시적으로 상당한 차이를 나타낸다. 또한 하천이나 호수를 끼고 있는 도시들은 대기의 흐름이 훨씬 원활하고, 증발열에 의해 기온이 상대적으로 낮다.

도시지역은 건물이 고층화되고 지표가 대부분 콘크리트로 피복되어 있으며, 많은 인공열을 대기 중에 방출할 뿐만 아니라, 각종 대기오염물질을 배출함으로써 직·간접적으로 기후에 큰 영향을 준다. 그러므로 도시지역은 온실효과가 나타나 주변 지역보다 기온이 높고 운량(雲量)·안개·강수량이 많은 반면 습도·일사량·풍속은 감소되는 특색을 보인다. 겨울에는 기온역전층이 형성되어 오염물질의 이상 고농도를 나타내기도 한다. 특히 도시의 등온선이 외곽에서 도심으로 동심원상으로 높아지는 현상, 즉 열섬현상을 나타낸다. 빽빽이 들어선 건축물들의 고층화·밀집화는 낮 동안 건물벽면의 재반사로 인해 에너지 흡수를 증가시키고, 밤에는 이 건물벽면에서 열이 방출되기 때문에 도시기온은 더욱 높아져서 열섬현상을 심화시킨다.

특히 바람 없는 날은 도시외곽과 내부 사이에 기온차가 크게 나타나며, 반면 바람이 강해지면 시 내외의 공기혼합이 커져서 기온차가 줄어든다. 도시의 기온은 상승기류를 발생시키고 일반풍이 약할 때에도 도시내부로 향한 독특한 풍계가 형성된다. 이렇게 주변부에서 내부로 부는 도시풍(stadtwind)은 특히 도로나 하천을 따라 불어오며, 그 폭이 넓을수록 강하다. 그러나 높은 건축물들은 이러한 바람 흐름에 장애요인이 되어 도심에서는 일반적으로 풍속이 약해지고, 단지 고층건물에 부딪힌 기류가 흩어지면서 바람의 통로에 해당하는 도시 건물의 사이에는 강한 바람이 불기도 한다. 이러한 도시 바람을 잘 활용하면, 열섬현상을 크게 완화시키고 신선한 바람으로 여름의 폭염을 이겨낼 수 있다.

바람길의 도시, 슈투트가르트

한여름 무더위 속에서 도심에서는 바람 한 점 찾아보기 어려운 것은 빽빽하게 자리를 잡은 고층건물들이 도시외곽에서 불어 들어오는 바람을 모두 차단해버리기 때문이다. 이와 같은 현상은 물론 우리 나라에만 국한된 것이 아니며, 선진국의 대도시들도 겪었던 문제이다. 일부 도시들은 이러한 문제를 이겨내기 위하여 도시계획을 완전히 새롭게 바꾸어나가고 있다. 독일의 공업도시 슈투트가르트는 심각한 대기오염의 문제를 자연의 이치를 이용하여 해결한 지혜를 보여준 도시다.

독일 남부에 위치한 슈투트가르트 시는 인구 약 56만 명, 면적 207km^{2}로, 서울이나 대구와 비슷한 분지형 도시이다. 메르세데스 벤츠, 보쉬 공장이 있어 독일의 자동차공업의 중심지라고 할 수 있는 이 도시는 1960∼1970년대 대기오염이 심각했고, 스모그로 인해 많은 피해를 입는 사건이 있었다. 이에 따라 이 도시는 심각한 대기오염문제를 극복하기 위하여 도시의 자연스러운 공기 흐름에 주목하여 바람의 통로를 찾아주기 위한 계획에 관심을 가졌다. 처음에는 바람에도 길이 있다는 점을 믿지 않았지만, 시청 도시기후부 관계자의 안내에 따라 도시기후지도를 그리면서 바람길이 실존할 뿐만 아니라 도시의 대기오염을 정화하는 데 바람과 숲이 매우 중요한 구실을 한다는 점을 알게 되었다.

　이에 따라 슈투트가르트 시는 우선 바람의 통로가 되는 지역은 도로나 녹지(전체 도시의 23%)로 조성하고 주변 건물은 5층 이하로 짓도록 했고, 도시 내 기존의 건물 간격도 3m 이상이 되도록 했다. 도시 중앙부에는 폭 150m의 녹지를 조성해 바람이 잘 통하도록 했고 도심에 가까운 구릉지에는 새로운 건물을 짓지 못하도록 했다. 또한 숲 근처의 건물은 바람이 불어오는 방향과 평행하게 건물을 배치시키고, 바람의 길을 막는 건물은 헐어내기도 했다. 도시 북쪽 회헨 공원주변에는 1993년 국제정원전시회 개최를 계기로 2~3층짜리 연립주택들을 너비 100m 가량 헐어내고 호수공원을 만들어 바람이 흐르는 계곡이 트이도록 했다.

　이러한 바람길을 만들기 위하여 시청 도시기후부가 만든 지도는 계획가나 정치인들이 도시계획을 하는 데 기초자료가 되고 있다. 10만분의 1과 2만분의 1 지도 두 가지인 도시기후지도에는 찬 공기의 흐름, 찬 공기 저수지, 지역풍향과 함께 대기오염지대를 3등급으로 표시하고 있다. 붉은 곳은 자동찻길 등 지표면의 온도가 높은 곳, 노란색은 개발을 해도 되는 곳, 그리고 보라색으로 된 도시 중심은 새로운 빌딩을 짓거나 재개발을 하려면 기후를 많이 고려하고 녹지를 만들어야 하는 곳 등으로 구분했다.

　심지어 이 도시는 바람길 보호를 위해 다리와 터널도 특수하게 설계하고 있다. 1995년에 완공된 쾨르슈탈 계곡의 다리는 높이가 무려 170m나 되고 기둥 사이의 간격도 매우 넓게 건설되었다. 계곡 지표면 위 50~100m 사이가 찬바람이 통과하는 매우 중요한 부분이기 때문에 다리를 높게 하고 기둥수도 줄인 것이다. 길이 2.3km의 에스라흐터널도 초속 20m, 초당 500m^{3}의 배출공기가 자연적인 풍향에 영향을 미치지 않도록 특수하게 설계되었다. 또 계곡과 함께 바람길로 중요한 곳인 산 비탈면(423ha)에는 온화한 기후를 이용해 포도밭을 만들고, 정원이 없는 사람들을 위해 '클라인 가르텐(시민농장)'으로 빌려주는 방법으로 보호하고 있다. 도심에서는 냉난방기계의 배출장치도 바람의 확산이 잘 되는 곳에 설치하여 건물 간격을 띄우며 가로수를 많이 심고 인공호수를 만들어 찬 공기의 저수지 구실을 하도록 했다.

이러한 노력의 덕분으로 슈투트가르트 시는 바람길을 복원함으로써 심각한 대기오염과 열섬현상을 해소할 수 있었다. 환경문제로 고통받는 산업도시에서 바람의 길을 만든 생태도시의 전형적인 모형으로 탈바꿈하게 되었다. 나아가 이 도시는 독일에서 1977년 도시계획 및 건축법을 개정하여 바람길을 의무화하는 데 기여했다. 그 이후 바람길 사업은 일본의 나고야, 동경, 후쿠오카, 미국의 시카고, 로스엔젤레스, 워싱턴, 뉴욕 시, 그리고 호주에서는 시드니와 멜버른 등에 도입되었다.

바람길을 활용한 도시계획의 도입

이러한 생태도시계획의 전형으로 바람길사업은 최근 우리 나라의 여러 도시들에서도 많은 관심을 보이고, 도입하기 위한 준비 과정을 거치고 있다. 특히 우리 나라의 도시들은 1960년대 이후 급속하게 팽창했으며, 고층건물들이 조밀하고 무질서하게 건설되었다. 이로 인해 도시외곽이나 주변 산지에서 불어오는 바람이 통과하지 못하고 매우 약하거나 거의 사라진 상태이고, 바쁘게 살아가는 도시인들은 자연의 바람을 거의 느낄 수 없게 되었다.

이와 같이 도시 내 바람의 원활한 소통이 이루어지지 않을 경우 대기오염물질의 분산이 어려워지고 도시 내 인공열의 발생으로 인한 열섬현상이 심화된다. 기상청 산하 기상연구소가 실시한 모형실험에 따르면, 서울의 강북지역 도심에서는 초속 2m의 바람이 일단 빌딩 숲에 들어가면 초속 0.5m로 변하는 것으로 조사되었다. 이처럼 빌딩 사이에서는 바람이 약해져 오염된 공기가 빠져나가지 못하고 정체되면서 공기오염도가 평지보다 훨씬 높아지고, 열기운도 잔류하면서 주변 지역에 비해 기온이 4~5℃ 정도 높아진다.

서울은 분지형 도시로 우리 나라 전체면적의 1%가 되지 않는 작은 면적에 전체인구의 4분의 1이 밀집해 과도한 토지이용으로 대기 질을 악화시키고 있다. 여기에 대규모 도시개발이 생태계를 파괴하고 녹지감소, 물과 공기오염 등 다양한 도시문제를 야기해왔다. 특히 자동차의 지속적인 증가로 오염물질 배출은 늘어나고 있는 데 반해 한강변과 산 주변의 고층 아파트 등이 대기순환을 가로막아 대기오염이 가중되고, 도심부가 외곽지대보다 더워지는 도시 열섬현상이 일어나는 것으로 지적되었다. 이러한 문제를 해소하기 위한 방안이 바로 바람의 길 사업이라고 할 수 있다.

서울의 바람은 계절에 따라 방향이 조금씩 다르지만 기본적으로 서풍인 것으로 조사되었다. 북쪽·남쪽·동쪽은 모두 산으로 가로막혀 있지만 서쪽만 김포평야 쪽으로 트여 있어 바람의 유입이 쉽기 때문이다. 서쪽에서 한강을 따라 들어온 바람은 대부분 도심을 거쳐 중랑천을 타고 도봉구와 의정부시 쪽으로 빠져나가고 일부는 탄천을 따라 성남시 쪽으로 나간다. 이러한 바람길이 제대로 소통되지 않을 경우 오염물질이 정체되고, 대기가 악화된다. 예로, 서울 동북부 지역의 방학동·쌍문동 일대에는 1998~1999년에 오존주의보가 18건(서울 전체 34건)이나 내려질 정도로 오존 농도가 가장 높다. "동북부 지역의 교통량이 다른 곳에 비해 적은데도 오존주의보가 자주 내려지는 것은 도심을 통과하면서 오염된 서울의 바람이 이곳으로 집중되기 때문"이라고 할 수 있다.

　서울시는 이러한 문제에 주목하여, 바람길 복원계획을 추진하게 되었다. 즉 2002년까지 서울의 지역별·계절별 바람길을 분석하여 이를 도시계획에 반영할 방침이라고 한다. 서울시 담당자의 말에 의하면, "서울의 바람길을 막고 있는 곳을 조사해 주요 바람 통로에는 녹지대를 조성하거나 고층 고밀도 건물을 짓지 못하게 할 방침"이라며 "바람의 자연스러운 흐름으로 대기오염과 열섬현상이 줄어들면 냉·난방용 에너지 소비가 줄어드는 것은 물론 불쾌지수를 낮추는 데도 도움이 될 것"이라고 말했다.

　바람의 길 사업은 사실 매우 방대한 사업이다. 대기오염물질을 줄이기 위한 폐기가스 배출업소의 관리에서부터, 지역별·계절별 바람길의 조사·분석을 통해 대기 질 개선을 위한 각종 대안을 마련하고자 한다. 또한 도시녹지 네트워크를 만들면서 전체적으로 자연의 정화작용이 원활히 일어나도록 도시의 토지이용과 공간구조를 변화시켜나가는 사업이다. 바람길에 해당되는 지역에는 북한산 등 주요 녹지축과 연결되는 녹지대를 조성하고, 건축물 고도를 제한하는 등 과도한 개발을 억제하며, 각 아파트 단지와 개별 건축물에 대해 바람의 순환과 에너지의 효율적 이용을 위한 건축 지침을 마련하고, 도로와 공원 등 주요 공공시설들에 대해서도 입지와 형태에 대한 생태적 기준을 마련해야 한다.

　대구시에서도 이러한 바람의 길 조성사업을 계획하고 있다. 대구시의 경우 사방이 거의 막혀 있는 분지이지만, 도시주변을 동서로 흐르는 금호강과 도시내부를 남북으로 흐르는 신천이 바람이 흐르는 길 역할을 하고 있다. 반면 앞산과 팔공산 아래의 고층 아파트, 동구 금호강 주변이나 신천 양 옆의 대규모 아파트 단지들은 이러한 바람의 길을 흐르는 신선한 바람이 도심으로 유입되는 길목을 막고 있다. 이러한 아파트들은 과거 바람길을 고려하지 않은 도시

대구 시내를 남북으로 흐르는 신천: 바람길로 활용될 수 있도록 하천주변의 고층 건축물 조성은 억제되어야 할 것이다.

계획의 결과로서, 헐어내기는 어렵다고 할지라도 더 이상 새로운 개발은 억제되어야 할 것이다. 앞으로 대구시는 바람길 조성사업을 위한 구체적 조사와 계획을 세우고, 바람길을 복원함으로써 도심 오염물질이 바람을 타고 자연스럽게 외곽으로 분산될 수 있도록 해야 하겠다.

바람의 흐름을 살리는 가옥구조

바람을 활용한 생태적 도시계획은 도시공간구조 전체에 적용될 뿐만 아니라 단위 주거단지나 개별 주택에도 적용될 수 있다. 예로 아파트 단지를 조성할 경우, 부지의 지형과 규모 아파트 동의 배치 등에 따라 발생하는 국지적 미기후로서의 바람에 대해 많은 배려를 할 필요가 있다. 단지가 경사면에 있거나 단지 내에 고층 및 저층동이 혼재하거나 또는 주변에 고층 빌딩 등이 있을 경우에는 바람의 조건이 변한다. 이러한 경우, 단지의 배치뿐만 아니라 각 주택의 방 배치나 창의 크기 및 형태 등에 대해서도 세심한 주의가 필요하다. 예를 들어, 낮과 밤에 부는 바람의 방향이 다르다면, 가능하면 낮에 바람이 부는 방향으로 창문을 내는 것이 좋다.

또한 단독주택의 경우에도 통풍을 고려하여 여름철에는 바람이 잘 통하면서, 겨울철에는 보온이 될 수 있는 방향을 결정해야 한다. 전통적으로 우리 나라의 주택은 남향이 이러한 조건을 갖추는 것이긴 하지만, 도시의 고층건물들 사이에 위치할 경우 바람의 통로를 잘 고려해야 한다. 또한 주택의 구조에 있어서도 바람의 흐름을 고려하여 천장의 높이와 창문의 크기, 방향 등을 결정할 필요가 있다. 바람의 방향을 고려하여 바람이 불어오는 입구와 출구를 두어 통로가 될 수 있도록 하고, 입구에는 유입되는 공기의 온도를 떨어뜨리기 위해 창문 앞에 나무그늘을 만드는 것이 효과적이다. 또한 실내에도 칸막이나 가구의 배치에 따라 바람의 흐름이 달라지기 때문에, 이를 고려하여 실내구조를 정하는 것이 좋다.

사실 우리 나라에서는 전통적으로 이러한 바람의 길을 고려하여 마을입지와 가옥구조를 결정해왔다. 특히 풍수사상은 바로 이러한 바람과 물의 길(즉, 氣)을 중심으로 산수의 지형과 경관을 해석하고, 이에 기초하여 음택과 양택의 입지를 선정하는 것이었다. 또한 전통가옥에 사용된 건축자재나 이를 건설하기 위한 기술은 단순한 도구적 기술이 아니라 바람(통풍)의 길이나 빛(조명)의 길에 대하여 세심하게 배려한 생태적 기술이었다. 이러한 전통적 사상과 건축기술은 오늘날 대부분 사라졌으며, 대신 서구적인 합리성과 효율성만을 강조하는 사상과 기술이 도입되고 이를 응용한 대규모 도시들이 구축되었다. 이 과정에서 생태적 배려가 무시되면서 바람의 길도 사라지게 된 것이다. 이제라도 이러한 바람의 길을 배려하고 복원하는 도시계획과 단지 및 주택설계가 적용되어 좀더 시원한 여름을 날 수 있도록 해야 할 것이다.

(2001. 8. 21.)

참고문헌

대구광역시. 2001, 여름철 기온변화 분석(자료).
변병설. 2000, 「바람통로를 고려한 도시계획」, 환경영향평가학회 2000년 춘계학술발표회 발표논문.
송영배. 2002, 「도시기후지도의 작성 ― 상계4동을 중심으로」, 『한국조경학회지』, 29(6).
엄정희 외. 2001, 「바람통로를 활용한 도시녹지계획에 관한 연구」, ≪국토계획≫, 36(1).
이승복. 2000, 「21세기 환경과 생태건축」, ≪한국생활환경학회지≫, 7(1).

지역환경에 역행하고 있는 지방자치제

오늘날 환경문제는 지구온난화현상과 같이 세계적 차원으로 확산되고 있지만, 실제 오염원은 국지적인 지역에 근거를 두고 있다. 이로 인해 공단이나 교통로와 같이 특정한 오염원에 인접한 주민들이나 지역사회가 더 많은 영향을 받는다. 따라서, 환경문제에 대한 이해와 이의 해결을 위한 실천은 한편으로 세계적이어야 하지만, 또다른 한편으로 지역·지방에 근거를 두어야 한다.

1990년대부터 시행된 지방자치제는 이러한 지역환경의 실태를 정확히 파악하고 지역 주민들의 의견을 수렴하여, 지역사회의 환경문제에 대해 적극적인 관심을 가지고 해결해나갈 것으로 기대되었다. 지방자치단체들은 그동안 중앙집권화된 정치구조하에서 총량적 경제성장으로 인해 희생된 지역환경을 개선하기 위하여 환경규제를 강화하고 감시·감독을 더욱 철저히 할 것이며, 파괴·오염된 지역환경을 복원하기 위하여 더 많은 투자를 할 것으로 예측되었다.

그러나 실제 지방자치제가 본격적으로 시행된 지 10년 가까이 되면서 지역의 환경은 개선될 기미를 보이지 않을 뿐만 아니라 오히려 환경훼손이 더 심해지고 있다는 지적이 나오고 있다. 지자체들은 선거를 의식하여 감시·감독을 점차 느슨하게 할 뿐만 아니라, 지방재정의 부족을 명분으로 지역의 환경용량이 허용하는 범위를 능가하는 난개발을 직·간접적으로 촉진하거나 방치하고 있기 때문이다.

더 악화되고 있는 지역환경문제

지방자치제가 본격적으로 시행된 이후, 환경 관련 감시·감독의 소홀과 환경규제의 완화에 대한 사례는 많이 찾아볼 수 있지만, 특히 2001년 8월 감사원이 국회에 의해 제출한 한 자료에서도 드러난 바 있다. 이 자료에 의하면 민선 지방자치가 시행된 이후 환경위반업체에 대한 자치단체의 단속 적발률이 감소했는데, 이는 업체들이 규제를 잘 지켰기 때문이라기보다는 지자체가 감시·감독 업무를 소홀히 했기 때문이라고 할 수 있다. 현재 공단의 폐수배출 단속은 환경부가 하고 있는 한편, 지역 내 산재한 공장들의 폐수배출 단속은 지방자치단체가 맡고 있다. 이러한 상황에서 지자체의 단속실적이 환경부의 적발실적과 비교하여 턱없이 낮다는 것은 결국 지자체의 환경단속이 솜방망이에 불과했다는 점을 나타낸다고 하겠다.

이 자료에 따르면 부산진구 등 전국 18개 시·군·구를 대상으로 지난 1995년부터 2000년까지 주요 수질오염원인 폐수배출업소에 대한 지도·단속 실태를 환경부가 운영하는 중앙단속반과 비교한 결과, 중앙단속반은 총 1만 1,406개 업소를 점검하고 이 가운데 1,849개 위반업소를 적발해 평균 적발률이 16.2%에 달했다. 반면 18개 지자체는 총 2만 4,332개 업소를 점검, 1,910개 위반업소를 적발해 중앙단속반 적발률의 절반 수준인 평균 7.8%의 적발률을 나타냈다. 더욱 우려되는 점은 민선 1기에 해당하는 1995~1997년 사이 이들 지자체의 평균 적발률은 9.9%였지만, 민선 2기인 1998~2000년의 적발률은 6.6%로 떨어졌다는 점이다.

예를 들어 대구·경북지역의 경우, 대구시 동구는 시로부터 무허가 배출시설 단속계획을 시달받고 점검계획만 수립한 채 아예 점검하지 않은 것으로 드러났다. 또한 경북 구미시는 1998년부터 2000년까지 폐수위탁처리업소에 대한 지도·점검업무를 수행하면서 관내 56개 업소가 폐수위탁처리 실적보고를 하지 않았는데도 아무런 조치를 취하지 않았다. 이러한 문제는 물론 대구·경북지역에 한정된 것은 아니다. 경남 함안군은 2001년 폐수배출업소를 지도·점검하면서 매 2회 점검대상인 적색배출업소 8개소와 1회 점검대상인 녹색배출업소 30개소를 인력부족을 이유로 점검조차 하지 않았으며, 광주 서구의 경우는 폐수위탁처리업소에 대한 지도단속에서 49회에 걸쳐 단속 연인원 323명을 투입, 215개 업소 가운데 단 3개 업소만 적발하여 적발률(1.3%)이 가장 낮았다.

또다른 사례로서, 최근 대구시의 도시계획조례 제정 과정 등에서 지방의회가 난개발을 오히려 부추겼다는 지적도 있다. 즉 2000년 10월 말 공포·시행된 대구시 도시계획조례는 시의회 심의과정에서 당초 집행부의 입법안보다 난개발 규제조항이 크게 완화되는 등 입법취지가 훼손된 채 통과된 것으로 밝혀졌다. 구체적인 예로 시의회는 제2종 일반주거지역의 경우 용적률 허용치를 250%로(집행부 입법안 200%), 제3종 일반주거지역은 300%(집행부안 250%), 준공업지역은 400%(집행부안 350%) 등으로 상향조정했고, 생산녹지·자연녹지·기타지역도 80%의 용적률 규제안을 100%로 수정하여 도시계획법이 허용하고 있는 상한선까지 수정해 통과시킨 것이다. 이에 따라 서울시와 비교해볼 때, 대구시 도시계획조례는 용도지역별로 50~300%가 더 높은 건축 용적률을 허용하게 됐다.

이와 같이 일선 자치단체들이 환경부의 지침대로 점검을 하지 않거나 형식적으로 단속하고 있는 것은 이들이 선거를 의식해 환경위반업체에 대한 단속의 고삐를 늦추기 때문이라고 하겠다. 또한 규제완화에 대해서도, 관련 시의회 관계자는 "침체된 지역건설경기 및 공장용지난 등을 고려한 것"이라고 밝혔지만, 시민단체 등은 "난개발 정비라는 입법취지에 역행하는 처사"라며 반발하고 있다. 이와 같이 지역환경문제가 지방자치제의 시행 이후 오히려 악화되고 있으며, 지방정부에 일부 이관된 환경규제권한이 실효성이 없어 지자 단속권한을 환경부로 다시 이관하는 방안을 검토해야 된다는 주장도 나오고 있는 실정이다.

지자체의 수익을 명분으로 한 난개발

이러한 규제완화뿐만 아니라 지방자치단체가 지방재정 수익을 위하여 환경보존과는 배치되는 개발사업에 직·간접적으로 참여하거나 이를 허가하는 사례들이 늘고 있다. 지방자치단체별로 차이가 매우 크긴 하지만, 재정자립도가 전반적으로 낮고 따라서 지자체의 수익사업이 필요한 것은 사실이라고 하겠다. 그러나 이를 명분으로 지역의 환경자원을 성급하게 개발하면서 자연환경을 훼손하는 것은 장기적으로 오히려 지역발전을 저해한다.

지자체의 수익사업으로 환경을 훼손하는 대표적인 사례로서 하천의 골재채취허가 및 골프장 건설허가 등을 들 수 있다. 예로, 양양군의 경우 지역의 환경운동연합은 "관련법을 무시한 채 골재채취를 강행하고 있다"는 이유로 환경정책기본법 위반혐의로 양양군

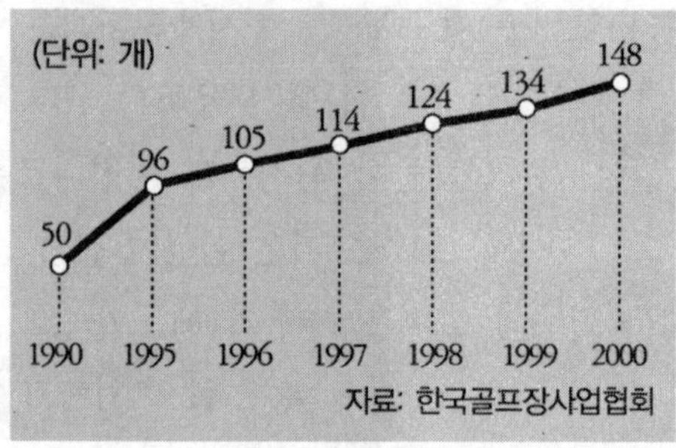

<그림 1> 국내 골프장 증가추이

수와 관련 공무원을 2001년 8월 대검찰청에 고발했다. 고발 사유
는 환경정책기본법에 명시된 바와 같이 지방환경관리청이 골재채
취에 따른 사전환경성 검토 의견에 동의하지 않을 경우 사업을 시
행할 수 없는데도 불구하고, 양양군이 이를 무시한 채 공사를 진행
하고 있다는 것이다. 골프장의 경우, 1988년 사업승인권자가 교통
부장관에서 시·도지사로 변경된 이후 허가건수가 급속히 증가했다.

 이와 같이 지역환경단체들의 반발에도 불구하고, 지자체의 지역
개발은 단순히 수익사업 정도가 아니라 지역경제의 활성화, 지역
주민들의 취업기회 확대, 소득향상 등을 명분으로 내세우면서 경쟁
적으로 이루어지고 있다. 물론 중앙정부의 환경 관련 부서와 지역
의 환경단체들은 지자체의 이러한 개발일변도 정책에 대해 매우 우
려하고 있다. 뿐만 아니라 지역개발 논리와 환경보전 논리가 대립
하면서 지자체 내에서, 그리고 지자체들간에 환경문제를 둘러싼 갈
등이 이미 심각한 수준에 달하였다. 특히 1997년 IMF 위기 이후,
경제활성화를 명분으로 규제가 완화되면서 지자체의 개발지향적
정책들에 대한 통제가 불가능한 상태에 달했다고 할 수 있다.

 이의 대표적인 사례로 수도권의 난개발을 들 수 있다. 이미 심각
한 사회환경적 문제로 지적된 바와 같이, 지난 5년간 수도권지역에

만 여의도 면적의 24배에 달하는 산림이 무리하게 개발되었다. 산림청 임업연구원이 1996년부터 지난해까지 5년 동안 수도권과 경기도 일대 준농림지역의 개발현황을 조사한 결과, 개발이 허가된 산림면적은 모두 6,859ha에 달했다. 지역별로는 경기 화성시가 1,204ha로 가장 많았고, 여주군 696ha, 용인시 611ha, 양평군 500ha, 파주시 404ha, 광주시 353ha, 기타 3,091ha의 순이었고, 연도별로는 1996년 1,133ha, 1997년 1,422ha, 1998년 1,103ha, 1999년 1,804ha였으며, 2000년에는 1,397ha가 개발되었다.

이와 같은 난개발은 심각한 환경파괴를 초래할 것으로 우려되고 있다. 지역의 산림은 스펀지처럼 빗물을 흡수해 산사태를 방지하고, 토양유실을 20분의 1로 줄여주는 등 녹색 인프라의 기능을 담당한다. 그러나 최근 난개발에 따른 무리한 산림훼손으로 부작용이 속출하고 있다. 2000년 용인 택지개발지 인근이 홍수로 인해 물에 잠기고 송추지역에 산사태가 발생한 것은 이러한 산림훼손에 따른 것이라고 하겠다. 이러한 난개발은 단기적으로 지역경제에 도움을 줄 수 있겠지만, 지역환경을 심각하게 훼손함으로써 이의 복구에 엄청난 시간과 비용이 들 뿐만 아니라 지역 주민들의 생활과 생명을 위협하고 있다.

뿐만 아니라 지방자치단체에 의한 무리한 지역개발은 단체장이나 관련 공무원의 비리와도 밀접하게 연관되어 있다. 실제로 난개발로 단체장들이 구속되는 사례가 빈번하게 발생하고 있다. 2001년 상반기까지 경북지역 기초자치단체장 23명 중 6명이 각종 비리로 사법처리되었고, 이들 가운데 4명은 환경파괴를 초래하는 개발을 대가로 뇌물을 수수한 혐의까지 있었다. 울릉군수는 울릉도 난개발의 핵심을 이루는 현포 석산개발과 관련하여 뇌물수수 혐의로, 울진군수는 광산개발 및 쓰레기 매립장 사업과 관련된 금품 및 향

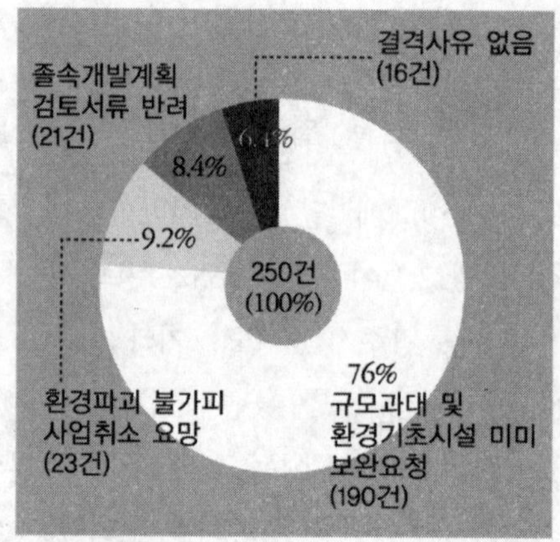

<그림 2> 지자체 개발사업 환경성 검토결과

응 제공 혐의로, 칠곡군수는 위락단지 조성사업 및 온천개발 인허가권과 관련된 뇌물수수 혐의로, 영천시장 역시 주택업체로부터 부당한 개발을 인정하는 대가로 뇌물을 수수한 혐의 등으로 입건되었다.

환경부는 최근 2000년 8월 이후 지방자치단체 개발사업 중 93.6%에 대해 결격판정을 내렸다. 환경부 관계자에 따르면, "지자체의 개발계획은 일단 졸속인 데다 규모가 크다는 특징"이 있으며 "상식에서 벗어난 개발계획안은 99% 지방 유지의 땅에서 이뤄지는 것이라고 봐야 한다"고 말했다. 이 같은 구조는 지자체와 토착 유지 또는 개발업체와의 유착비리를 낳기도 했다. 1998년 제2기 지방선거에서 당선된 자치단체장 중 사법처리된 사례는 17%인 40명, 1기 단체장 사법처리자 18명의 배가 넘는다.

이와 같이 경북 기초단체장 4명 중 1명꼴로 사법처리를 받은 것, 그리고 심지어 검찰이 2000년 난개발의 주역으로 지방자치단체장을 꼽은 것은 우리 사회의 심각한 문제라고 할 수 있다. 이러한 단체장들의 도덕적 해이와 더불어 환경의식의 결여가 주민들의 삶의 질 향상과 지역환경의 개선을 위해 도입된 지방자치제의 근간을 흔드는 것이라고 할 수 있다. 공직사회 자체의 내부 자정활동과 더불어 지역 주민들의 강력한 비판과 시정요구가 절실하다고 하겠다.

지역환경정책의 자율성 미비

애초에 지방자치가 실시되면 환경문제가 개선될 것이라고 기대한 많은 시민들은 이러한 지방자치제의 시행 과정을 보면서 많은 불만을 토로하고 있다. 원론적인 입장에서 본다면, 지방자치란 쾌적한 지역환경을 요구하는 지역 주민들의 여론을 직접 반영하고, 또한 중앙정부의 탁상정책이 아니라 지역환경을 현장에서 직접 고려한 정책을 시행해나가는 것을 목적으로 한다. 그러나 이러한 기대는 원론에 불과하고, 실제 지방자치제의 시행이 중앙정부 차원에서 이루어지는 정치구도의 재판이 되었다. 정치가 개인의 이해관계가 우선되었고, 심지어 인기에 영합하기 위하여 중앙정부의 환경 관련 지침조차 제대로 이행하지 못하는 사례들이 빈번하게 발생하였다.

지자체가 시행하는 정책에 대한 불만과 비판은 지역 주민들뿐만 아니라 환경 관련 공무원들 가운데에서도 제기되고 있다. 녹색연합이 조사·발표한 자료에 의하면, 전국의 환경(행정)담당 부서장 156명을 대상으로 '환경문제에 관한 의식조사'를 실시한 결과 전체의 91%인 142명이 환경문제가 전반적으로 심각하다는 데 공감했다. 이러한 심각성에 대한 의식 수치는 1998년 조사에 비해 평균 20~30% 가량 높아진 것으로, 특히 악취문제의 경우 1998년 29.9%에

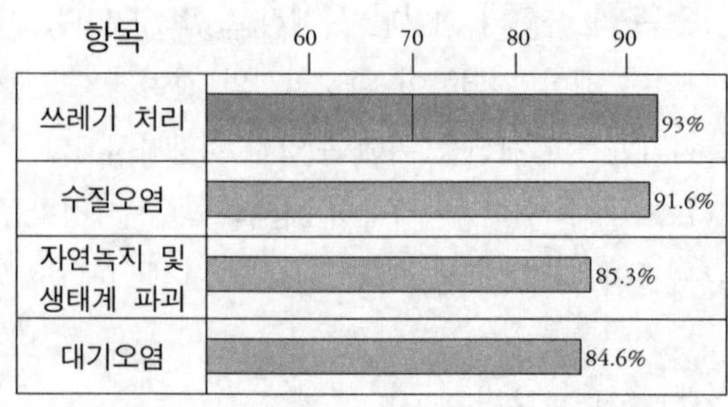

<그림 3> 환경문제에 대한 환경담당 공무원의 심각성

서 67.1%로 37.2% 증가했다. 한편 설문조사에 응한 환경담당 부서장들의 92.3%는 경제적 어려움이 있더라도 환경정책을 강화해야 한다는 입장을 보였으며, 또 50.6%는 앞으로 지자체 선거에서 환경개선과 보전에 힘쓴 후보가 당선될 것이라고 예상했다.

물론 지방자치단체가 중앙정부에 비해 독자적으로 행사할 수 있는 자율적 환경규제 권한도 그렇게 크지 않다. 환경과 관련하여 지방정부와 중앙정부 간의 역할분담을 보면, 환경부는 환경 관계법령의 제정과 규제기준 설정 등 환경정책의 기본 틀을 제정하는 반면, 그 집행책임은 환경관리청과 지방자체단체가 분담하고 있다. 환경관리청은 특별 지방환경행정기구로서 환경문제의 광역성과 전문성을 감안하여 설치되었는데, 예를 들어 공단 내 오염물질 배출업소 관리와 환경기초시설 운영·지도·감독 등을 주요업무로 하고 있다. 다른 한편, 지방자치단체는 쓰레기 수거와 매립업무 등 전통적인 자신의 고유업무와 환경보전법 등에 의해 환경부장관으로부터 위임받은 업무로서 지역 내에 산재해 있는 공장의 폐수배출 단속 등을 담당하고 있다.

시·도의 광역단체와 시·군·구 등 기초단체는 고유업무와 위임업무를 수행하는데, 광역자치단체로 위임되어 있는 업무 중 일부는 기초자치단체로 다시 위임되어 수행되고 있다. 환경행정의 내용은 광역자치단체와 기초자치단체에 따라 다소 차이가 있고, 또한 특별시와 광역시, 그리고 도(道)가 각각 그 업무의 성격 및 조직과 인력 면에서 다소 차이를 보이고 있다. 그러나 공통적으로 문제가 되는 사항은, 지방자치제의 시행과 더불어 행정업무가 번거롭고 지역 주민들과 직접적인 마찰을 전제로 하는 규제권한이 지방자치단체에 많이 이양되긴 했지만, 지역환경을 최대한 고려한 환경정책의 입안 또는 기획기능은 거의 주어져 있지 않다는 점이다.

강화되어야 할 지자체의 환경정책

물론 지방자치단체가 직접 환경정책을 입안 또는 기획할 기능을 가진다고 할지라도, 지방자치단체들이 지역환경과 시민생활을 고려한 환경보전정책보다는 여러 가지 명분으로 환경개발정책에 우선 관심을 두는 것은 분명 문제가 있다고 하겠다. 지역발전 또는 지역경제 살리기, 그리고 지역 주민들의 소득향상 등은 당연히 주요한 정책 현안으로 고려되어야 하겠지만, 그렇다고 환경을 파괴 또는 오염시키는 행위에 대한 단속과 규제를 느슨히 하고 각종 명분으로 자치단체의 개발사업을 성급하게 추진하는 것은 지방자치제의 본래 취지에 크게 어긋나는 것이라고 하겠다.

이제라도 지방자치단체들은 환경문제를 슬기롭고 조화롭게 풀어나가야 할 것이다. 이를 위해, 우선 지방정부의 단체장 및 의회 의원들은 환경에 대해 더 많은 관심을 가지고 환경 관련 정책을 입안·시행하고 관련 조례들을 만들어 정책을 뒷받침할 수 있어야 한다. 현재 중앙정부의 환경 관련 부서가 요구하는 지침조차 제대로 수행하지 못하는 상황임을 심각하게 인식해야 할 것이고, 지역환경을 무시한 개발이 단기적으로 지역경제에 도움이 될지 모르지만 지속적 발전을 심각하게 저해하는 행위임을 깨달아야 한다.

둘째, 지방자치단체는 시민들과 함께 하는 지역환경정책을 입안·시행해나가야 할 것이다. 지역의 환경 관련 연구자, 행정가, 운동단체 활동가 등으로 구성된 환경 관련 위원회를 결성하여 환경행정에 직·간접적으로 참여하도록 해야 한다. 이러한 위원회들은 전문 지식의 제공, 주민여론의 수렴 등을 통해 지자체와 유기적인 협력관계를 유지하면서도 때로 지자체의 개발정책을 견제하는 기능을 수행함으로써 쾌적한 도시환경을 조성하고 보전해나가는 데 기여할 것이다.

셋째, 지방자치단체가 환경을 위하여 무언가를 해주기를 기대하기 이전에, 먼저 지역 주민들이 직접 나서서 지역환경을 지키고자 하는 노력이 필요하다. 즉 지역환경은 지역 주민들이 지키고 가꾸어나간다는 의식과 실천이 중요하다. 이를 위해 지역 주민들은 개인적으로 실천할 뿐만 아니라 지역환경단체들에 가입하여 이들이 좀더 적극적으로 활동해나갈 수 있도록 후원하고 직접 참여해야 할 것이다.

넷째, 지역 주민들과 지역 환경단체들이 합심하여 지방자치제의 잘못된 관행을 바꾸어나갈 필요가 있다. 즉 지방정부의 단체장이나 의원들이 지역환경문제의 심각성을 인식하고 환경문제의 해결에 나서도록 독려하는 한편, 환경을 등한시하는 단체장이나 의원들은 더 이상 정치적 활동을 할 수 없도록 비판하고 투표에 이를 반영해야 할 것이다. 나아가 주민들이 내세운 녹색후보들이 선출되도록 함으로써 자지체를 직·간접으로 추동하여 관행적인 개발정책보다 환경정책에 더 큰 비중을 두도록 해야 한다.

(2001. 8. 28.)

참고문헌

고재경. 2000, 「지방자치와 환경규제집행의 변화」, ≪대한국토도시계획학회지≫(국토계획), 35(5).

김창수. 2000, 「지방자치제 실시와 환경정책집행의 효과성 차이에 관한 연구— 한강 및 낙동강 수계 수질개선정책집행사례를 중심으로」, ≪한국행정학보≫, 34(4).

이재룡. 2000, 「도시 및 농촌개발 규제제도 개선방향: 도시 난개발과 개발규제의 문제점과 개선방향」, ≪도시문제≫, 35.

정재현. 2002, "문화재, 환경 갈아엎고 골프장 만든다", ≪월간 말≫, 4월호.

최병두. 1999, 『녹색사회를 위한 비평』, 한울.

■ 지은이

최병두

서울대학교 사회과학대학 지리학과 졸업
서울대학교 대학원 지리학과 졸업(석사)
영국 리즈(Leeds) 대학교 지리학부 졸업(박사)
미국 존스홉킨스(Johns Hopkins) 대학교 방문교수
한국공간환경학회 회장, 전국민주화를 위한 교수협의회 공동대표 역임
현재 대구대학교 사범대학 지리교육전공 교수,
(사)아파트생활문화연구소, (사)대구경북환경연구소 소장
저서: 『한국의 공간과 환경』, 『녹색사회를 위한 비평』, 『환경갈등과 불평
등』, 『근대적 공간의 한계』
역서: 『사회정의와 도시』, 『자본의 한계』, 『정보도시』 등
e-mail: bdchoi@daegu.ac.kr

도시 속의 환경 열두 달
봄·여름

ⓒ 최병두, 2003

지은이 | 최병두
펴낸이 | 김종수
펴낸곳 | 도서출판 한울

편집책임 | 최병현
편집 | 서영의

초판 1쇄 인쇄 | 2003년 7월 10일
초판 1쇄 발행 | 2003년 7월 20일

주소 | 121-801 서울시 마포구 공덕1동 105-90 서울빌딩 3층
전화 | 영업 326-0095(대표) 편집 336-6183(대표)
팩스 | 333-7543
전자우편 | newhanul@nuri.net
등록 | 1980년 3월 13일, 제14-19호

Printed in Korea.
ISBN 89-460-3135-2 03530
ISBN 89-460-0111-9(세트)